HRB600 钢筋混凝土构件性能试验研究与理论分析

戎 贤 赵文忠 张健新 著

内 容 提 要

本书详细介绍了HRB600钢筋混凝土构件性能试验研究与理论分析。全书共8章,主要对HRB600钢筋机械锚固性能进行试验研究,对配置HRB600钢筋的混凝土梁、偏压柱及轴压柱进行受力性能试验研究与理论分析,对配置HRB600钢筋的混凝土柱及节点进行抗震性能和理论分析,为HRB600钢筋在混凝土结构工程中应用提供试验及理论研究依据。

本书可供从事结构工程研究工作的科研人员以及大专院校的教师、研究生和高年级的本科生使用。

图书在版编目(CIP)数据

HRB600钢筋混凝土构件性能试验研究与理论分析 / 戎贤,赵文忠,张健新著. — 北京:人民交通出版社股份有限公司,2019.3

ISBN 978-7-114-15415-7

Ⅰ. ①H… Ⅱ. ①戎… ②赵… ③张… Ⅲ. ①钢筋混凝土结构—结构构件—性能试验—试验研究 Ⅳ. ①TU37

中国版本图书馆CIP数据核字(2019)第054122号

书　　名:**HRB600钢筋混凝土构件性能试验研究与理论分析**
著 作 者:戎　贤　赵文忠　张健新
责任编辑:赵瑞琴
责任校对:刘　芹
责任印制:张　凯
出版发行:人民交通出版社股份有限公司
地　　址:(100011)北京市朝阳区安定门外外馆斜街3号
网　　址:http://www.ccpress.com.cn
销售电话:(010)59757973
总 经 销:人民交通出版社股份有限公司发行部
经　　销:各地新华书店
印　　刷:北京虎彩文化传播有限公司
开　　本:787×980　1/16
印　　张:11.25
字　　数:212千
版　　次:2019年3月　第1版
印　　次:2019年3月　第1次印刷
书　　号:ISBN 978-7-114-15415-7
定　　价:39.00元
(有印刷、装订质量问题的图书由本公司负责调换)

前　言

HRB600 钢筋是一种新型的高强钢筋,具有良好的力学性能。目前发达国家已经大规模地使用 HRB600 钢筋,400～600MPa 级钢筋用量达到 95% 以上,400MPa 级及以下强度等级的钢筋用量已很少。如 1993 年俄罗斯标准增加了 500MPa、600MPa 级钢筋,1996 年美国钢筋标准增加了 520MPa 级钢筋。欧美等发达国家钢筋强度已达到 600～800MPa。推广应用 HRB600 钢筋,能够解决结构中的肥梁胖柱等问题,有利于节能减排,经济效益和社会效益显著。为了提高建筑业的整体水平,推广和使用高强钢筋是我国建筑业发展的必然趋势。本书基于作者的试验研究和理论分析,针对配置 HRB600 钢筋混凝土构件的受力性能、抗震性能及设计方法开展了深入的研究工作。

本书分 8 章:第 1 章为绪论,介绍了 HRB600 钢筋混凝土构件的国内外研究现状;第 2 章为 HRB600 钢筋机械锚固性能试验研究;第 3 章为 HRB600 高强钢筋混凝土梁的受弯性能研究,重点叙述了 HRB600 钢筋混凝土梁的受弯承载力、挠度及裂缝的计算;第 4 章为 HRB600 钢筋混凝土柱抗震性能试验研究与有限元分析,重点叙述了 HRB600 钢筋混凝土柱的延性性能和滞回特性;第 5、6 章对 HRB600 钢筋混凝土偏心受压柱、轴心受压柱的受力性能进行了试验研究;第 7 章为高强钢筋高韧性混凝土框架节点受力性能、抗震性能试验研究与受剪承载力设计方法研究,重点论述了 HRB600 钢筋高韧性混凝土框架节点的受力性能、延性性能、滞回特性、耗能能力以及设计方法等;第 8 章分析了 HRB600、HRB500 和 HRB400 钢筋混凝土框架的性能。

由于作者水平有限,书中难免存在不妥之处,敬请读者批评指正。

著　者

2019 年 1 月

目　　录

1 绪　　论

1.1 研究背景及意义

随着建设节约型社会的步伐不断加快,我国对建筑业的资源消耗也提出了新的要求。钢筋是建筑结构中的主要钢材消耗品,如能淘汰落后的低强度高耗能钢材,积极推广高强钢材的使用,将会产生巨大的经济和社会效益。

发达国家建筑用钢的钢筋强度等级大都在400MPa级以上。美国钢筋混凝土结构用钢标准ASTM A615规定,碳钢带肋钢筋和光圆钢筋强度等级最高为75级(屈服强度75000psi❶、520MPa);欧洲规范Euro-code2规定,钢筋强度等级为400~600MPa;澳大利亚采用250MPa级、500MPa级两个钢筋强度等级;新西兰则采用300MPa级、500MPa级钢筋;日本钢筋混凝土结构用钢筋规范JIS G3112与我国的钢筋标准较为一致,钢筋分为热轧光圆钢筋与热轧带肋钢筋,热轧光圆钢筋有SR235(屈服强度235MPa以上)、SR295(屈服强度295MPa以上),热轧带肋钢筋有SD295(屈服强度295MPa)、SD345(屈服强度345MPa)、SD390(屈服强度390MPa)、SD490(屈服强度490MPa)[1-4]。

多年来,我国虽然推广应用高强钢筋,但与发达国家相比,我国建筑行业所用钢筋强度普遍低1~2个等级[5]。同时,由于担心高强钢筋使用不当,容易引发混凝土裂缝宽度过大、构件挠度不易控制等问题,以及国内对HRB600钢筋的研究还处于初始阶段,研究得不够系统和深入,从而影响了HRB600钢筋的推广。

与此同时,高强钢筋相对于低强钢筋具有弹性范围大的优点,使用具有较长弹性段及良好塑性变形能力的高强、高性能建筑材料可以延缓塑性铰产生,提高建筑物的震后修复能力,同时对地震作用不确定性的抵御能力更强,能够确保结构产生合理的出铰机制。传统抗震设计理念讲究利用结构塑性变形能力抵御地震作用,避免结构倒塌,因此延性是衡量传统低强材料结构抗震性能的最重要指

❶ 1psi=6.895kPa。

标,但是对于高强材料来讲,由于高强材料弹性段较长,尽管其变形能力远强于传统低强材料,但是延性方面的优势并不突出,因此延性已经不是衡量高强材料结构抗震性能的唯一指标。高强材料结构在变形能力方面相对于低强材料结构有着明显的优势,因此衡量变形能力的指标,如层间位移角,将成为衡量高强材料框架及低强材料框架性能差异更为合理的指标。

目前,关于高强钢筋在结构中应用的研究主要还停留在构件层次,缺乏整体结构层次的试验研究及相关理论分析,而基于结构层次的分析能够得到很多构件层次无法提供的分析和极具参考价值的研究结果,同时构件层次分析得到的很多结果也需要与结构层次的分析结果相互印证,因此建立整体结构模型对高强钢筋混凝土框架进行研究意义重大。用 HRB600 钢筋来代替目前常用的 HRB400 和 HRB500 钢筋,可在减小用钢量的同时取得较好的经济效益。HRB600 钢筋良好的综合性能,有利于实现建筑"瘦身"。在结构设计时,可以适当减小构件截面面积,增加建筑使用面积,从而提高使用功能;在施工时,可以减小关键节点处的钢筋密度,使空间布筋更加合理、混凝土浇注振捣更加顺畅,从而提高施工质量和结构耐久性。此外,钢筋用量减少,可使钢筋生产过程中产生的污染大大降低,同时减少了能源消耗,与当前绿色建筑节能减排的理念呼应。因此,有必要开展关于 HRB600 钢筋混凝土构件受力性能的研究,以确保结构的力学性能,探究 HRB600 钢筋在混凝土结构中的适用性,为我国相关规范的修订提供必要的参考。

1.2 钢筋与混凝土机械锚固问题

1.2.1 机械锚固方式

机械锚固是一种为有效缩短钢筋锚固长度,保证钢筋与混凝土黏结锚固整体性能的钢筋锚固措施。

在《混凝土结构设计规范》(GB 50010—2010)中,机械锚固形式除 90°弯钩、135°弯钩外,还包括一侧贴焊锚筋、两侧贴焊锚筋、穿孔塞焊锚板、螺栓锚头,见图 1.1。美国机械锚固方式多采用镦头钢筋、锥螺纹圆形端板以及焊接方形端板。另外,带套筒、T 字形焊接短钢筋曾作为钢筋机械锚固形式出现,这两种机械锚固形式的锚固端头处锥楔劈裂作用过大,因此很少被采用。目前,带锚固板的钢筋机械锚固形式应用最为广泛。

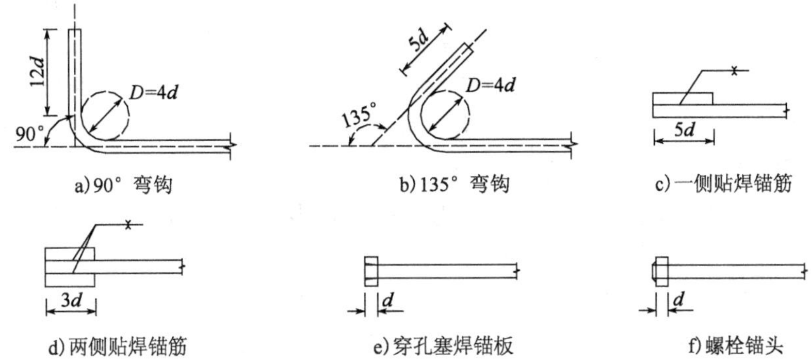

图 1.1　弯钩和机械锚固形式(GB 50010—2010)

1.2.2　影响机械锚固性能的因素

影响机械锚固性能的因素,除影响直钢筋与混凝土黏结锚固性能的因素(混凝土抗拉强度、保护层厚度、锚固长度、配箍率、侧向压力等)外,还包括机械锚固端头形式及放置方向、直锚段钢筋长度、箍筋位置、锚头尺寸等。

1.2.3　机械锚固问题研究现状

关于机械锚固,国外研究主要集中在带锚固板钢筋基本性能上,特别是在美国已经得到了较深入的研究[6]。20 世纪 90 年代,机械锚固开始应用于桥梁与房屋建筑等传统的混凝土结构,有关带锚固板钢筋的设计规范已逐步健全[7]。近些年来,韩国、日本、加拿大等国也纷纷对带锚固板钢筋开展了试验研究,如:

1997 年,加拿大 Kuchma 和 Collins 在多伦多大学完成了 16 个大比例墙体试验,其中 8 个构件使用带双锚固板钢筋作为横向约束钢筋、8 个构件不含横向钢筋,对比研究了双锚固板钢筋的锚固性能[8]。

2003 年,高丽大学 Park 等人进行了 58 个板式拉拔试验和 13 个梁式拉拔试验,主要研究锚固板的形状和厚度对带锚固板钢筋锚固性能的影响[9]。

2005 年,日本学者 Thompson 等人,对带锚固板钢筋应用于 CCT(压 - 压 - 拉)节点、受弯梁的锚固性能进行了试验研究,得出带锚固板钢筋的锚固性能主要由钢筋黏结力和锚固端头机械承压力决定的结论[10-12]。

2009 年,韩国木浦国立大学 Chun 等学者,对比研究了带锚固板钢筋和带 90°弯钩钢筋应用于框架边节点的锚固性能,并对带锚固板钢筋的锚固强度公式进行了修正[13]。

2013 年,Chun 和 Lee 两位学者,利用受弯梁试验对带锚固板钢筋的搭接性能进行了研究,试验表明配置箍筋使带锚固板钢筋的锚固强度明显提高[14]。

我国关于机械锚固的研究相对较少。1988 年,我国共进行了两批 400MPa 级钢筋机械锚固性能的试验研究。第一批共 60 个棱柱体试件,通过拉拔试验初步研究了机械锚固的受力机理和临界锚固长度;第二批为 40 个梁式构件,验证拉拔试验的结论、检验构件中其他内力的影响以及应采取的构造措施。试验采用的锚头做法,包括弯钩、镦头、贴焊锚筋、焊锚板四种形式[15]。

2005 年,天津大学李智斌设计并完成 98 个带锚固板钢筋试件的拉拔试验和 21 个混凝土棱柱体中埋置带锚固板钢筋的拔出试验。系统地研究了 HRB400 带锚固板钢筋的机械锚固性能,得出带锚固板钢筋具有相同或优于传统带 90°标准弯钩钢筋锚固性能的结论[16]。

2008 年,郑州大学刘立新、赵镇、张龑等人进行了 36 个采用扩大套头锚固形式 500MPa 级钢筋与混凝土黏结试件的拔出试验,研究了带扩大套头钢筋与混凝土间的黏结锚固强度、破坏形态以及影响黏结锚固性能的主要因素[17]。

同年,中国建筑科学研究院李智斌、吴广彬和天津大学王依群对国内外带锚固板钢筋的机械锚固性能研究进行了较全面的介绍[18]。

2009 年,重庆大学高巧玲对带双锚固板 HRB335 钢筋应用于梁-墙平面外连接节点的受力性能进行了研究,采用 4 个梁-墙节点构件进行低周反复荷载试验,得出合理的锚固板机械锚固措施可以减小临界截面剪应力和控制拉脱式破坏的结论[19]。

2010 年,李雪利用拉拔试验对 HRB500 钢筋机械锚固性能进行了研究,并对比提出较为优良的机械锚固形式[20];同年,温纬立对 Q235 镦头钢筋进行试验研究,利用有限元分析方法,得出镦头钢筋较直锚钢筋的钢筋滑移和锚固长度有明显减小的结论[21]。

2013 年,天津大学李海瑞,采用 30 个两侧贴焊锚筋试件进行中心拉拔试验,对 HTB650 新型高强钢筋机械锚固性能进行了研究,给出了机械锚固黏结强度计算公式[22]。

综合国内外研究现状发现:国内研究主要集中于 500MPa 及以下强度钢筋与混凝土的机械锚固性能研究,而对更高强度钢筋的机械锚固性能、机械锚固受力机理等的研究比较缺乏;国外研究理论比较成熟,但主要集中在锚固板、镦头钢筋,这种锚固形式比较适合施工技术工业化程度较高地区,短时间内还不完全符合我国当前行业发展现状。因此,600MPa 钢筋机械锚固性能的理论研究不仅对高强钢筋等新技术的推广应用具有积极作用,同时可以为完善我国锚固计算理论等提供参考依据。

1.3 高强钢筋混凝土梁研究

1.3.1 国外研究现状

1997 年,Ashour S. A. 等一些学者对 12 根配置高强钢筋的混凝土梁进行了受弯试验。试验结果表明:配置高强钢筋的混凝土梁的表面裂缝开展与普通钢筋类似[23]。

2002 年,Rizkalla S. 教授为了研究 827MPa 级钢筋的受力性能,对配置此种高强钢筋的混凝土短柱进行轴压试验。结果表明:827MPa 级钢筋较之普通钢筋具有较好的延性[24]。

2005 年,加拿大学者 Peter H. 教授总结以往试验数据,提出了修正的布兰森计算公式,即一种计算高强钢筋混凝土梁短期刚度的新方法,最后通过试验数据计算验证了该方法的可行性[25]。

2007 年,美国 Lubell 等学者对高强钢筋混凝土梁进行了抗剪性能试验。结果说明:纵向钢筋采用高强钢筋,在受弯承载能力提高的同时,其抗剪能力也有所提高[26]。

2008 年,加拿大 Juande Dios Garay 等学者针对配置高强纵筋的混凝土深梁进行试验研究,分析设计变量剪跨比和纵配筋率对构件受弯承载力的影响。试验结果表明:混凝土深梁的受弯承载力与纵筋配筋率呈正比关系,与剪跨比呈反比关系[27]。

2009 年,美国 Abdalla J. A 等学者对配置 BS460B 与 BSB500B 两种高强钢筋的混凝土梁进行了低周往复的试验研究,试验结果证明了前者的耗能性能较后者有了较大提高[28]。

2011 年,美国 Hooman Tavallali 设计了 7 根钢筋混凝土梁并进行循环加载试验,3 个试件的纵向钢筋采用 60 级、4 个试件采用 97 级的超高强钢筋。结果表明:在正常使用荷载条件下,配置 60 级钢筋的钢筋混凝土梁的最大裂缝宽度不超过 0.02in❶;而采用 97 级钢筋加固的钢筋混凝土梁,最大裂缝宽度达到 0.035in。对于配置相同钢筋数量的试验梁,裂缝宽度与纵向钢筋的屈服强度成

❶ 1in = 0.0254m。

正比[29]。

2011 年,美国 Shahrooz B. M. 、Miller R. A. 等人设计了 6 根高强钢筋混凝土梁并进行试验研究。试验结果显示,在纵筋的各个应力水平上,所有试件测量的裂缝宽度最大值与平均值的比值为 1.8,且这一比值往往介于 1.5 ~ 2.0,随着纵筋应力的增加,此比值逐渐减小。在合理的使用荷载(f_s < 496MPa)下,平均裂缝宽度均小于 AASHTO 规定的裂缝宽度限值(0.43mm)[30]。

2012 年,美国 Kent A. Harries 进行了用 ASTM A1035 高强钢筋(f_y = 414MPa、690MPa、827MPa)加固的钢筋混凝土梁的弯曲裂缝宽度的研究。通过对 6 根配置高强钢筋混凝土梁进行试验分析,重点讨论了 0.6f_y 荷载水平下,纵筋的应力变化以及试验梁的裂缝宽度。结果表明,从配筋率 ρ = 0.007 ~ 0.023 的所有试验梁中测得的平均裂缝宽度均低于 AASHTO 在第一类和第二类暴露环境中的裂缝宽度限值。对于 ACI(2011)和 AASHTO(2010)裂缝控制规定的保守性,使得这两本规范在裂缝控制方面仍然适用于更高强度的钢筋[31]。

2013 年,美国 Amir Soltani 对裂缝宽度影响因素进行了研究,设计了 4 根高强钢筋混凝土棱柱体。结果表明:裂缝的发展和裂缝间距受到钢筋直径和钢筋周围有效混凝土面积的影响。配筋率 ρ = 0.01 和 0.015 时,裂缝的分布更好,纵筋钢筋应力到达 496MPa 时,平均裂缝宽度均保持在 0.43mm 以下,即在 AASHTO 规定的裂缝宽度限值之内[32]。

2014 年,韩国 Choi Won-Seok 等人针对配置 600MPa 级钢筋的混凝土梁和板进行了在单调荷载作用下的试验研究,分析 ACI 318 规范的 B 级钢筋搭接规定对 600MPa 级钢筋的适用性,以及对比 ACI 318 规范和 Eurocode 2 的估算方法,试验设计变量为钢筋直径、箍筋间距、混凝土强度和保护层厚度,试验构件的钢筋搭接长度满足 ACI 318 规范的有关规定。试验结果表明:直径 13mm 的钢筋搭接测试结果符合规范要求,而对于直径 22mm 和 32mm 的钢筋来说,增加横向配筋或者增大混凝土保护层厚度有助于 600MPa 级钢筋抗拉强度的发挥[33]。

2015 年,西班牙 C. Mias 研究了 GFRP 加固混凝土梁与配置高强钢筋混凝土梁的短期和长期作用下的开裂情况,设计了 10 根试验梁进行加载试验。结果表明:短期试验中循环荷载的影响会导致裂缝宽度增加高达初始值的 25% 以上;用 GFRP 钢筋增强的梁在同等条件下与未增强梁的裂纹宽度相似;短期荷载下,根据 Eurocode 2 和 Model Code 2010 公式计算的裂缝间距和裂缝宽度与试验结果非常一致,而在长期荷载下 Eurocode 2 公式计算的裂缝宽度小于试验值[34]。

2016 年,美国 Shilpi Mandadi 收集了 9 组共 27 根高强钢筋混凝土梁的试验数据,试验梁分别采用屈服强度为 500MPa、690MPa 和 830MPa 的高强钢筋。对这些受弯试验梁进行受力分析,采用 ACI 美国混凝土结构规范数学模型进行计算,所有试验梁的裂缝宽度和最大挠度测量均在允许的极限范围内,并且每组试验梁中保持配筋数量不变,提高纵筋的屈服强度,其抗剪强度不变[35]。

2016 年,埃及 Magda I. Mousa 为研究钢筋黏结长度对高强钢筋混凝土梁抗弯性能的影响,对 6 根不同钢筋黏结长度的简支梁进行四点弯曲静载试验。主要研究了钢筋黏结损失对梁开裂荷载、裂缝发展、跨中挠度、极限承载力、跨中钢筋应变以及破坏形式的影响。结果表明:与钢筋完全黏结的参考梁相比,钢筋未黏结长度达 50% 时,梁的开裂荷载明显降低约 24%,当未黏结长度增加到 73% 时,这种降低增加到 67%;钢筋未黏结长度在 73% 时,梁承载力的降低只有 13% 左右,主要因为箍筋的作用补偿了黏结损失;在钢筋的未黏结段,裂缝数量减少,裂缝宽度明显增加,裂缝较多出现在黏结段;梁的主要破坏形式是弯曲破坏,在无箍筋的梁中表现为剪切破坏[36]。

2016 年,加拿大 Adam S. Lube 等针对配置 695 ~ 988MPa 高强纵筋的混凝土深梁进行了试验研究,分析了试验梁的受力性能和破坏特征。试验结果表明:配置腹筋的试验梁延性较好,在最大外荷载作用下仍具有较好的变形能力;没有配置腹筋的试验梁延性较差,脆性破坏特征明显[37]。

1.3.2 国内研究现状

2004 年,郑州大学刘立新、张艇进行了 9 根 HRB500 钢筋混凝土梁受弯性能试验,试验变量主要是混凝土强度与配筋率等。结果表明:在正常使用极限状态下,《混凝土结构设计规范》(GB 50010—2002)中规定的公式适用于 HRB500 钢筋混凝土受弯构件裂缝宽度的计算,但实测裂缝宽度与计算裂缝宽度的比值小于 1,因此可以考虑将计算得到的最大裂缝宽度乘以 0.9 的折减系数;由于 HRB500 钢筋在正常使用极限状态下的工作应力较大,在正常使用条件下的最大裂缝宽度有可能超过规范规定的最大裂缝宽度限值[38]。

2007 年,湖南大学沈蒲生教授组织了关于 HRB500 钢筋的试验研究,研究了不同配筋率下,矩形截面混凝土受弯梁的裂缝出现、开展、挠曲变形等情况[39]。

2007 年,张鹏进行了配置 500MPa 级钢筋混凝土梁的试验研究。研究表明:与普通钢筋混凝土梁相比,配置 500MPa 级钢筋混凝土梁也能实现延性破坏,受弯特征与其相同[40]。

2007 年,天津大学王铁成、李艳艳进行了配置 500MPa 级钢筋混凝土梁的抗弯和抗剪试验。结果表明:当 500MPa 级钢筋的强度设计值取 420MPa 时,采用

《混凝土结构设计规范》(GB 50010—2002)受弯公式具有足够的安全储备,同时给出了验算裂缝和挠度的修正系数;在试验的基础上,对比分析普通 500MPa 级钢筋混凝土梁和配置蒙皮钢筋混凝土梁的破坏过程可知,配置蒙皮钢筋的混凝土梁能够有效限制裂缝的开展宽度[41]。

2007 年,华侨大学王全凤对 3 根 HRB500 钢筋混凝土简支梁的受弯性能进行了试验研究,分析了 HRB500 钢筋和高强混凝土匹配下的梁的破坏形态、变形特征和承载能力。结果表明:与普通钢筋混凝土梁相比,HRB500 钢筋混凝土梁的破坏特征、挠曲模式及截面应变分布与其基本一致;开裂后,混凝土的刚度明显降低,混凝土强度等级提高或者配筋率增大,构件的承载力也增大;受弯构件的承载力试验值与规范的计算值吻合,与规范计算结果相比,梁的裂缝宽度和裂缝间距实测值较小,梁的挠度实测值较大[42]。

2009 年,重庆大学杨平安在试验室内条件下对配置 500MPa 级钢筋混凝土梁进行了为期一年的观测,以研究长期效应下的裂缝发展状况和挠度的变化规律。通过长期的观测并收集数据,分析研究并给出了长期裂缝宽度的扩大系数,对现有的计算公式进行了修正[43]。

2009 年,东南大学丁振坤等研究了配置 500MPa 级钢筋混凝土梁的受力性能。试验表明:按照公式计算得到的试验梁的挠度值较实测值较小,在以往的数据基础上,对刚度计算公式进行了修正[44]。

2010 年,扬州大学李志华对 8 根配置 500MPa 级钢筋和 4 根配置 400MPa 级细晶钢筋的混凝土梁进行静力加载试验,主要观测试件的裂缝发展及破坏过程,采取的加载方式为两点对称集中的同步分级加载。结果表明:与普通钢筋混凝土受弯构件相比,配置 500MPa 级钢筋和 400MPa 级细晶钢筋的受弯构件裂缝发展规律与其基本一致,但在正常使用状态下,对此类构件按照《混凝土结构设计规范》(GB 50010—2002)进行裂缝宽度验算,计算值均大于试验值[45]。

2011 年,同济大学赵勇对配置 500MPa 级纵向热轧带肋钢筋混凝土梁的裂缝特征及裂缝公式进行了研究。试验结果表明:与按照《混凝土结构设计规范》(GB 50010—2010)计算得到的裂缝宽度相比,实测得到的配置 500MPa 级钢筋混凝土梁的裂缝宽度偏大,对规范中的裂缝宽度计算公式进行了修正,并提出了钢筋处裂缝宽度和受拉边缘裂缝宽度的换算公式[46]。

2011 年,浙江大学金伟良通过 8 根 HRB500 高强钢筋混凝土梁以及 2 根普通钢筋混凝土梁的受弯试验,对比分析试验梁的裂缝分布、平均裂缝宽度及短期最大裂缝宽度的变化特性,并结合已有试验结果进行综合分析。结果表明:与按照《混凝土结构设计规范》(GB 50010—2010)计算得到的平均裂缝间距相比,试验梁的平均裂缝间距符合较好,按照规范计算得到的短期最大裂缝宽度计算值则大于实测值,尤其是当钢筋应力超过300MPa的情况[47]。

2013年,浙江大学蒋邀宇进行了7根HRB500钢筋混凝土梁的受弯性能试验。试验结果表明:HRB500钢筋与高强度的混凝土在一起能够发挥较好的作用;随着梁截面高度的增加,裂缝宽度值也增大,成为限制梁承载力发挥的制约条件;保护层厚度的增加会对梁承载力的发挥产生不利影响,但影响较小,可忽略[48]。

2015年,东南大学张未对5根配HRB400钢筋和5根配HTRB600钢筋的高强混凝土受弯构件进行试验研究,试验过程中进行了详细的裂缝观测。综合以往关于400MPa级和500MPa级钢筋混凝土受弯构件的试验数据,对《混凝土结构设计规范》(GB 50010—2010)中的计算公式进行分析。结果表明:当钢筋应力较低时,按照规范计算得到的短期最大宽度裂缝计算值与实测值较为吻合;当钢筋应力较高时,依据规范计算得到的裂缝宽度的计算值比实测值偏小。因此,建议在裂缝宽度计算时,对钢筋正常使用情况下的应力设置限值,取为$0.8f_y$。HTRB600钢筋混凝土受弯构件在正常使用状态下的短期最大裂缝宽度一般大于0.2mm,不能满足裂缝限制要求[49]。

2015年,河北工业大学王海涛对配置600MPa级钢筋混凝土梁进行受弯试验,主要分析《混凝土结构设计规范》(GB 50010—2010)中关于受弯承载力、挠度的公式是否适用于600MPa级钢筋混凝土梁。研究表明:与普通钢筋混凝土梁相比,配置600MPa级钢筋混凝土梁也能实现延性破坏,受弯特征与其相同。因此,600MPa级钢筋混凝土梁在正常使用极限状态下,《混凝土结构设计规范》(GB 50010—2010)中关于受弯梁的承载能力、挠度的公式仍适用[50]。

2016年,华北水利水电大学管俊峰对600MPa级新型高强抗震钢筋的混凝土梁的抗裂性能进行试验研究,主要的试验变量有:混凝土强度等级(C30、C40、C50、C60)和钢筋强度等级(335MPa、400MPa、600MPa)。试验表明:混凝土抗裂性能的主要影响因素之一是混凝土强度,钢筋强度的增加对混凝土抗裂性能提高有限;按照《混凝土结构设计规范》(GB 50010—2010)计算出的强度等级为C50以上的钢筋混凝土梁的抗裂性能偏高,设计抗裂安全性偏低[51]。

2016年,昆明理工大学陈晨进行了4根600MPa级和1根400MPa级钢筋混凝土梁受弯性能试验,结果表明:600MPa级钢筋混凝土梁的受弯破坏形态与普通混凝土梁基本相同,仍可按现行规范公式计算受弯承载力;沿截面高度应力分布基本符合平截面假定;当抗拉强度设计值取500MPa时,有足够的安全储备。正常使用状态下,与普通钢筋混凝土梁相比,配置600MPa级钢筋混凝土梁裂缝开展过程与其相似,依照《混凝土结构设计规范》(GB 50010—2010)公式计算的平均裂缝间距与试验结果符合较好,按规范公式计算的最大裂缝宽度比试验值偏大。《混凝土结构设计规范》(GB 50010—2010)中的裂缝宽度计算公式,未考虑高强钢筋应力下次裂缝开展对主裂缝宽度的抑制作用,可能导致裂缝宽度计算值偏大,建议修正钢筋应变不均匀系数的计算表达式[52]。

2017 年,北京工业大学张建伟对 9 根 600MPa 高强钢筋高强混凝土梁和 1 根 HRB400 钢筋梁进行受弯性能试验研究,主要设计参数有:混凝土强度、配筋率、保护层厚度和箍筋间距。试验表明:与普通钢筋混凝土梁相比,HRB600 高强钢筋混凝土梁的裂缝开展规律和最终破坏形态与其相似;相同荷载下,HRB600 高强钢筋混凝土梁的裂缝平均间距、裂缝宽度与保护层厚度、钢筋直径成正比关系,并且要小于普通钢筋混凝土梁;对于 HRB600 高强钢筋混凝土梁的裂缝宽度计算,《混凝土结构设计规范》(GB 50010—2010)仍适用,ACI 318-08 则偏于保守[53]。

1.4 高强钢筋混凝土柱抗震性能

关于高强钢筋混凝土柱的抗震性能,国外研究主要集中在不同加载方向、高强箍筋约束以及钢筋混凝土短柱的抗震性能上,主要研究成果如下:

2012—2013 年,Rautenberg J M 对 11 根配有 80ksi❶ 或更高强度的钢筋混凝土柱进行低周反复加载试验。试验结果表明:对于低轴压比柱而言,使用高强钢筋可以减少拥挤,而不会对试件承载力和极限曲率产生严重影响。高强钢筋柱所达到的极限位移比与采用屈服应力为 60ksi 钢筋的柱子所达到的位移比相当[54,55]。

2013 年,Hugo Rodrigues 对钢筋混凝土柱进行双向加载的低周反复加载试验,试验研究表明:与单向加载相比,双向加载使柱的承载力及延性相对降低。在不同角度的水平荷载作用下,两个主轴方向上的累积损伤会相互影响,加快损伤的累积,且承载力退化和刚度退化加快[56]。

2014 年,Pham T P 对 7 个配置高强纵筋和箍筋的钢筋混凝土柱试件进行拟静力试验,研究试件在不同角度的单向水平力作用下的抗震性能。试验研究表明:不同加载方向对试件的破坏形态、承载力和延性有较大影响,且试件的抗剪强度仍可按照规范公式进行计算[57]。

---

❶ 1ksi = 6.895MPa。

2015 年,Zhang X D 对配有不同配筋率和配箍强度的 C100 高强钢筋混凝土柱进行了低周反复荷载试验,研究了柱的抗震性能。试验结果表明,高强箍筋可有效提高试件承载力和延性[58]。

2015 年,Wenjie G E 采用有限元软件 Open Sees 对配有 HRB335、HRBF400、HRBF500 钢筋的混凝土框架进行数值模拟。研究结果表明:采用高强钢筋可以减少框架结构的损伤,提高框架的抗震性能[59]。

2016 年,Shin H O 对配有 640MPa 级纵筋和 800MPa 级箍筋的 8 个超高强混凝土方柱进行了低周反复试验,研究其抗震性能。研究结果是:高强钢筋与超高强混凝土可较好地协同工作,当箍筋进行一定端部锚固时,试件的强度和峰值状态后的变形能力提高[60]。

2016 年,Vu N S 对 240 个锈蚀钢筋混凝土柱应用三维非线性有限元分析。研究结果表明:所建立的三维非线性有限元模型具备一定的准确性,并提出了锈蚀钢筋混凝土柱的抗侧力和极限变形能力的公式[61]。

2017 年,Ding H 对 4 根配有高强钢筋的短柱进行低周反复荷载下的抗震性能试验。试验结果表明:箍筋的约束作用可以提高试件的承载力;对于高强箍筋混凝土短柱,采用极限位移角来反映延性较为合理。随着剪跨比的增大,短柱的抗震性能得到提高[62]。

由于我国大部分城镇需要进行抗震设防设计,使得混凝土结构的抗震性能研究成为推广高强钢筋需要解决的首要问题。柱作为混凝土结构中的重要受力构件,对结构的整体性能有着重要影响,我国对高强钢筋混凝土柱的抗震性能进行了一系列研究,主要研究内容如下:

2010 年,重庆大学邓艳青对 4 根配置 HRB500 纵筋柱进行低周反复加载试验。试验结果表明:提高配箍特征值,试件的延性明显提高,强度退化明显改善;采用复合配箍形式,与普通配箍的试件相比,延性明显提高;采用 HRB500 纵筋,柱的延性系数有所降低,但仍满足变形能力及延性要求[63]。

2011 年,重庆大学朱爱萍对 162 根配置 HRB500 钢筋混凝土柱应用 FEAP 程序进行模拟分析。研究结果表明:随轴压比增大,试件延性呈指数减小;随配箍特征值增大,试件延性呈线性增加;在轴压比较小时,随纵筋配筋率增大,试件延性减小;在轴压比较大时,随纵筋配筋率增大,试件延性略有增大[64]。

2012 年,重庆大学傅剑平对 9 根配置 HRB500 纵筋柱进行拟静力加载试验,研究其抗震性能。研究结果表明:当柱端箍筋加密区满足构造要求时,HRB500 纵筋混凝土柱能够满足抗震规范对延性的要求[65]。

2013 年,中国建筑科学研究院王晓峰对 20 个纵筋采用 HRB500 钢筋,箍筋采用 HRB500 和 970MPa 级 PC 钢棒的混凝土柱进行低周反复加载试验，研究试件的抗震性能，并在所收集的共计 300 余个混凝土柱低周反复加载试验数据基础上，提出了与试验配箍特征值及轴压比相关的位移延性系数及极限位移角计算公式，根据公式提出纵筋配置高强钢筋框架柱箍筋加密区最小配箍特征值的要求[66]。

2014 年，同济大学苏俊省和王君杰对 10 个分别配置 HRB335、HRB500E 和 HRB600 钢筋的混凝土柱进行低周反复加载试验。试验结果表明：钢筋等体积代换时，纵筋强度对试件承载力和变形能力影响较大，箍筋强度影响较小；钢筋等强度代换时，试件抗震性能基本保持不变[67]。

2015 年，同济大学王君杰、苏俊省等对 11 根配置 HRB335、HRB500E、HRB600 钢筋的混凝土圆形柱进行低周反复荷载作用下的拟静力试验。研究结果表明：纵筋强度提高，试件承载力、变形能力和总耗能能力也相对提高，箍筋强度和混凝土强度对试件抗震性能影响较小[68]。

2015 年，北京工业大学宋坤对不同加载角度和不同轴压比的钢筋混凝土方形短柱试件进行低周反复加载试验。试验结果表明：随着轴压比的增大，试件的承载能力、耗能能力提高，但其刚度退化速度加快；不同加载角度对试件的承载力影响较小，但随加载角度的增加，试件延性及耗能能力增大[69]。

2015 年，北京工业大学邵运达，对 4 个配置高强箍筋的足尺约束混凝土柱进行低周反复加载试验。试验结果表明：高强钢筋用作约束箍筋时，足尺混凝土柱试件具有较好的延性以及较强的耗能能力，抗震性能优越[70]。

2016 年，昆明理工大学陈晨，对 4 根分别配置 600MPa 级和 400MPa 级钢筋的混凝土柱构件进行低周反复加载试验，研究其抗震性能。试验结果表明，在相同轴压比下，600MPa 级钢筋混凝土柱构件与配置等强度 400MPa 级钢筋的混凝土柱构件相比，破坏形态相似，承载能力、总耗能能力相差不多[71]。

2016 年，天津大学刘晓对 15 个配置不同强度钢筋的异形柱试件进行试验研究和有限元分析，研究结果表明：在异形柱中配置高强钢筋可使试件承载力提高，L 形柱、十形柱、T 形柱试件曲率延性系数逐渐增大，且相对于配置 335MPa 和 400MPa 级纵筋的试件，配置 500MPa 级钢筋的试件曲率延性无明显降低[72]。

2017 年，河北工业大学赵少伟和韩松，对 7 根配置 600MPa 级箍筋的混凝土短柱进行低周反复加载试验。研究结果表明：轴压比较大时，多数试件的箍筋在破坏之前达到屈服，表明配置 600MPa 级箍筋的混凝土短柱具有良好的延性和耗能能力[73]。

2017 年,河北工业大学戎贤课题组,对 6 根配置 600MPa 级钢筋十字形柱以及 7 根配置 600MPa 级钢筋混凝土 T 形柱试件进行低周反复加载试验。试验结果表明:配置 600MPa 级钢筋的异形柱试件具有较好的变形性能和承载能力,随配箍率提高,试件的抗震性能明显改善,随轴压比增大,试件承载力增大,变形性能下降[74,75]。

1.5 偏压柱研究现状

1.5.1 国外偏压柱研究

1996 年,Lloyd、Natalie、Anne 等人对 36 根配置 430MPa 纵筋、450MPa 箍筋的钢筋混凝土偏压柱进行试验研究,在试验结果、高强混凝土本构及稳定分析的基础上提出了高强钢筋混凝土偏压柱的计算理论[76]。

2006 年,Canbay E 等对 11 根柱进行单调双向偏心加载试验。主要研究箍筋配筋率、配置形式、间距对高强混凝土柱受力性能的影响。研究结果表明:箍筋间距对构件曲率延性比影响较大,配筋率相同时,箍筋间距大的构件曲率延性比小,高强钢筋混凝土柱受力性能受不同箍筋间距的影响很大;构件承载力受不同箍筋形式的影响较小;配有高强箍筋的构件性能较好,ACI318 - 02 给出的箍筋屈服强度限值为 414MPa,建议增加到 600MPa;通过 ACI 中等效矩形应力图计算的最终力超过高强混凝土柱的承受能力,用 CSA 应力分布计算与本试验结果更为符合[77]。

2006—2009 年,Hadi M N S[78-81]对由不同纤维约束的混凝土柱进行偏心加载试验,研究其物理力学性能。结果表明:偏心受压柱的挠度随偏心距的改变没有发生明显变化,但随着偏心距的增大,构件的极限承载力降低。柱外围用 FRP 缠绕后,轴向极限承载力增大,柱的延性主要是通过加入钢纤维来提高的,研究结论与杨志刚[82]相同。不同材料类型、不同缠绕方式均能提高柱的极限承载力和延性,GFRP 缠绕柱的改善效果比 CFRP 缠绕柱低 29% ~46%,横向和纵向包裹着 CFRP 的柱子,极限承载力和延性提高幅度最大[78,82]。

2009 年,Montuori R 等提出了分析角边及横向加固钢筋混凝土柱偏心受压受力性能的理论模型,并通过对 13 根柱进行偏心受压试验,验证了理论模型能较好地预测角边加固柱的变形和承载能力计算精度[83]。

2011 年,Hajsadeghi M 等使用 ANSYS 软件分析了 FRP 矩形钢筋混凝土柱的受力特点,对轴压及偏压试件进行对比试验。研究表明:偏心受压构件极限承载力增加幅度低于轴心受压构件[84]。

2012 年,Hadi Muhammad N S 等对 12 根正方形截面钢筋混凝土柱进行偏心加载试验,4 根正方形截面钢筋混凝土梁进行受弯试验,主要研究偏心距、CFRP 及层数对试件破坏形式和承载力的影响。研究结果表明:CFRP 的使用,增强了偏心荷载作用下柱的承载能力和延性,偏压柱的极限承载力随 CFRP 缠绕层数的增加而增加;缠绕 CFRP 提高了柱和梁的延性;在大偏心受压柱中,有 CFRP 竖向缠绕的混凝土柱比总层数相同却只有横向 CFRP 缠绕的柱具有更好的延性,建议 CFRP 横纵缠绕结合使用[85]。

2013 年,Kim C S、Park H G、Chung K S 等对 6 根不同截面形状和结构的高强钢—混凝土组合柱进行偏心加载,材料使用抗压强度为 100MPa 或 200MPa 级的混凝土、屈服强度为 800MPa 的钢,主要研究抑制混凝土过早压碎,使钢的强度最大化发挥的方法。为防止混凝土过早压碎,试验主要设计了 3 种形式:使用钢管或加密箍筋来限制侧向约束、使用开裂应力高的高强混凝土、在截面的拐角处放置 L 形钢。研究结果表明:钢管成功地抑制了混凝土的早期破碎、超高强混凝土柱早期出现的破碎情况;面四周放置 L 形钢的混凝土柱与普通 H 形钢混凝土柱相比,具有更高的抗弯刚度和极限承载力。对于混凝土填充柱的设计,传统的塑性设计方法依旧可以使用,但对于有侧向约束的钢管混凝土的设计,应采用应变协调法[86]。

2016 年,Porras R 等对 54 个微型混凝土试件进行偏心加载试验,主要研究配筋率、长细比、偏心率的影响。在整个加载过程中,测量了荷载和构件的跨中位移,与此同时进行了钢筋和混凝土的独立测试,严格控制混凝土的制备和试验过程。研究结果表明:钢筋配筋率对结构的延性和脆性影响很大,但对裂缝影响很小[87]。

2016 年,Jin L 对 30 个尺寸从 200mm × 200mm × 900mm 到 800mm × 800mm × 3600mm,偏心率为 $0.1h_0$、$0.25h_0$、$0.4h_0$、$0.6h_0$、$0.9h_0$ 的钢筋混凝土柱进行偏心加载试验,研究钢筋混凝土偏心受压柱的尺寸效应及偏心距对破坏形式的影响。根据试验结果的分析,提出了脆性 - 延性的过渡行为并与 Bazant 提出的 SEL 做了比较。同时,提出了模拟钢筋混凝土柱破坏形式的中尺度数值方法,用此方法得到的模拟结果与试验结果有较好的一致性[88]。

2017 年,Lin G、Teng J G 等提出了在偏心荷载作用下 FRP 约束混凝土柱的塑性损伤模型,与试验结果进行比较,两者有较好的一致性。研究表明:用有限元得到的数值结果,能比较准确地研究约束柱中应力和围压的分布[89]。

1.5.2 国内偏压柱研究

2005年,哈尔滨工业大学王庆海对20个偏心距为25~75mm、长细比为4~13,横向包裹CFRP的混凝土偏压柱进行静力加载试验。研究结果表明:长细比小于12时,与同规格普通柱相比,有FRP横向约束的混凝土偏压柱极限承载力及变形能力提高明显,加固效果随偏心距和长细比的增大而降低;FRP约束混凝土偏压柱的破坏形式,可分为钢筋受拉屈服后混凝土压碎破坏和压区混凝土直接破坏,但由于FRP的加固作用,这两种破坏形式均为延性破坏[90]。

2005年,同济大学陆洲导等对4根碳纤维布加固的钢筋混凝土柱进行偏心加载试验,研究碳纤维增强偏压柱的受力性能、破坏形式及碳纤维层数对加固效果的影响。研究结果表明:混凝土偏心受压柱的极限承载力和延性可以通过缠绕横向碳纤维布得到提高;通过对试验数据的分析,提出碳纤维加固混凝土偏心柱承载力计算公式[91]。

2008年,郑州大学对500MPa级钢筋混凝土受压构件进行了全面的试验研究,其中有32根轴心受压构件、9根偏心受压构件。轴压试验主要分析混凝土强度、纵向钢筋强度及配筋率、配箍率对轴压构件受力性能的影响。研究表明:轴压柱混凝土压应变峰值随混凝土强度、配箍率、纵筋配筋率的提高而增大,大多数混凝土应变峰值在0.0022~0.0026,500MPa钢筋在轴压柱中抗压强度得到充分发挥。偏心受压试验主要研究偏心距、纵筋配筋率对构件受力性能的影响,其中包括构件侧向挠度、钢筋应变、受压区混凝土应变等。研究结果表明:偏心荷载作用下配置500MPa级钢筋和配置普通钢筋的混凝土偏压构件受力性能相同;钢筋和混凝土能很好地协同工作,钢筋和混凝土的强度均能得到较充分的发挥。轴心受压短柱和偏心受压柱的正截面承载力可按规范规定公式计算,建议钢筋的抗压强度和抗拉强度取450MPa[92-95]。

2008年,西安建筑科技大学赵东对10根配有高强箍筋的混凝土偏心受压构件进行了试验研究,分析了构件的破坏形态、极限承载力和变形性能受高强复合箍筋约束的影响。得出关于高强复合箍筋约束混凝土偏心受压柱的荷载—变形关系曲线,研究正截面极限承载力、荷载—变形关系受到箍筋强度及间距、平均约束应力、偏心距等的影响情况,并且对高强箍筋的应力变化着重进行分析。参照我国现行规范,计算构件的正截面承载力。从结果可以看出:因未能充分考虑箍筋对混凝土的约束影响,导致规范中的计算值与试验值有较大差距,而以理论分析为基础,考虑约束影响,优化高强螺旋箍筋约束混凝土偏心受压柱的正截面承载力计算方法,得到的计算值与试验结果较为符合[96]。

2009 年,华侨大学王全凤对 4 根 HRB500 钢筋混凝土偏压柱进行了试验。研究结果表明:试件破坏特征、荷载—挠度曲线与普通钢筋混凝土柱基本一致;当混凝土强度较高时,承载力比理论计算值小[97]。

2009 年,东南大学龚永智为探索不同混凝土强度、配筋率和偏心距对配置 CFRP 筋的混凝土柱破坏特征、跨中截面应变分布和侧向挠度的影响,对 10 根配置 CFRP 筋混凝土柱进行了偏心受压静载试验。从试验结果看出:CFRP 筋的混凝土柱承载力高;受压区混凝土被压碎时,CFRP 纵筋可以有效地发挥其增强效果,并能保持完好;进一步分析,受压区的 CFRP 纵筋应变起伏范围在 0.0035 ~ 0.004,起伏不大;受拉区的 CFRP 纵筋应变起伏范围在 0.0035 ~ 0.0065 之间,起伏比较明显。依据平截面假定,得出承载力计算方法(使用失效方式和 CFRP 筋的受力情况作为计算构件承载力的分界点),将承载力的理论计算结果与试验结果进行比较,两者能较好地符合[98]。

2010 年,青岛理工大学对配置 HRBF500 钢筋的混凝土轴心和偏心受压柱进行单向加载试验,研究其受力性能、观察裂缝发展过程和试件破坏形态。试验结果表明:与一般的钢筋混凝土柱相比,HRBF500 钢筋混凝土受压构件的破坏形态、变形及裂缝特点与其基本一致;在 HRBF500 钢筋与一般的 HRB400 钢筋作为受力主筋配置在受压构件时,HRBF500 钢筋能够充分地发挥其强度;提出优化《混凝土结构设计规范》(GB 50010—2002)中关于最大裂缝宽度计算公式的方案,在进行最大裂缝宽度计算时,取偏压构件的受力特征系数 $\alpha_{cr}=1.7$、受弯构件的受力特征系数 $\alpha_{cr}=1.9$,这种情况下偏压构件和受弯构件计算结果的可靠度较为一致,能提供充足的安全储备[99-101]。

2010 年,湖南大学何益斌对 13 根钢骨—钢管混凝土组合柱进行偏心受压试验,对偏心荷载作用下组合柱的受力进行研究。研究结果表明:钢骨可以延缓甚至防止核心混凝土斜向剪切裂缝的产生,使柱的极限承载力和延性提高;钢管—钢骨混凝土组合柱沿截面高度的纵向应变,基本符合平截面假定,偏心受压长柱的侧向挠曲线与正弦半波曲线有很好的一致性。随着偏心距和长细的增大,钢骨—钢管混凝土组合柱极限承载力降低;随着配钢骨指标的增大,钢骨—钢管混凝土组合柱极限承载能力提高[102]。

2012 年,广西大学陈宗平对 15 个钢管再生混凝土柱进行单调静载试验,观察试件的失效形式,得到试件的受力全过程曲线和截面应力分布情况,分析长细比、偏心距、再生粗集料取代率对钢管再生混凝土柱力学性能的影响。研究结果表明:钢管再生混凝土偏心受压柱的受力过程和破坏形式与普通混凝土柱相似,钢管最终鼓曲破坏;钢管再生混凝土柱承载力高、变形性能好,力学性能受偏心距和长细比影响大,受再生粗集料替代率影响较小[103]。

2012 年,北京工业大学张海芳对 3 组不同截面尺寸的 12 根钢筋混凝土偏压试件进行偏心受压试验,根据试验结果对比分析不同截面尺寸对构件破坏形态、变形能力、承载力的影响。研究结果表明:截面尺寸不同,偏心距相同的构件,破坏形态相似,没有明显的尺寸效应;偏压柱的极限承载力、极限荷载作用下的相对曲率有尺寸效应,承载力、相对曲率均随截面尺寸的增大而减小[104]。

2013 年,东南大学罗绍华对 11 根 HRB600 钢筋混凝土偏压柱进行试验研究。研究表明:配置 HRB600 钢筋和普通钢筋的混凝土偏心受压构件破坏形态相同,HRB600 钢筋在柱中强度得到充分发挥,其承载力的计算仍可沿用规范公式。建议取 HRB600 钢筋的抗拉强度设计值为 520MPa、抗压强度设计值为 410MPa[105]。

2017 年,华侨大学刘祥通过 6 根配置 500MPa 级钢筋混凝土柱进行偏心受压试验。主要研究偏心距、配筋率、混凝土强度对构件受力性能的影响,对试验得到的荷载—挠度、荷载—混凝土应变、荷载—钢筋应变、弯矩—曲率曲线进行分析,并通过截面分析软件 XTRACT 对截面延性进行分析。试验结果表明:配置 500MPa 级钢筋与配置普通钢筋的混凝土柱偏压受力过程类似;偏心率、纵向钢筋配筋率对试件截面曲率延性影响较大,截面曲率延性随纵筋配筋率增大而减小,随偏心率的增大而增大;XTRACT 能较为准确地模拟构件的受力过程,表示截面的曲率延性系数计算公式能作为延性系数建议式[106]。

1.6 钢筋混凝土轴压柱研究现状

1.6.1 国外研究现状

2002 年,El-Hacha R. 等通过对高强钢筋混凝土圆形轴心受压短柱进行试验,并与普通钢筋混凝土轴压柱进行对比,高强钢筋屈服强度达到 827MPa,普通钢筋的屈服强度为 420MPa,研究结果表明:高强钢筋与普通钢筋相比具有较好的延性性能[107]。

2002 年,Chung H S 等对 65 个高强钢筋约束高强混凝土轴心受压柱进行试验研究,其中混凝土强度达到 54MPa、箍筋强度最大达到 1300MPa、纵筋强度为 420MPa,考虑了混凝土强度、箍筋强度、配箍形式、体积配箍率和布置纵筋形式的影响。研究结果表明:在约束混凝土中配置高强钢筋能更有效地提高混凝土的强度。在对试验数据统计分析的基础上,提出了考虑混凝土强度、体积配箍率和箍筋强度的约束混凝土峰值应力计算公式[108]。

2005 年,Tan 等设计了 30 根配置高强钢筋约束高强混凝土柱,并分别进行了轴压试验和偏压试验,影响因素包括混凝土强度和体积配箍率,混凝土强度范围在 46 ~ 101MPa,箍筋屈服强度分别有 455MPa 和 636MPa 两种,纵筋的屈服强度为 595MPa。根据试验结果提出了混凝土应力的简易计算方法,并通过参考大量试验结果数据进行验证,发现吻合较好[109]。

2017 年,Rami 为研究满足高强混凝土 HSC 结构柱足够延性的最小配箍率,对 6 根高强混凝土(HSC)圆柱进行了轴向加载试验研究。结果表明,为满足轴向承载力的要求,建议 HSC 柱在设计中混凝土强度折减系数取小于 0.85 的值更为合理;考虑到结构抗震方面的要求,建议最小配箍率取 ACI 标准中所规定的 0.5 倍的最大体积配箍率[110]。

2018 年,Yizhu Li 通过对 9 根配有 600MPa 级钢筋混凝土柱进行轴压试验研究,研究 600MPa 级箍筋在 A 型和 B 型两种不同的配箍形式对轴压柱的影响效果,其中 A 型柱配箍形式为菱形箍,B 型柱配箍形式为井字箍。研究结果表明:轴压柱的破坏特征为混凝土保护层突然剥落和延性破坏,配置 600MPa 级箍筋约束混凝土轴压柱在承载力、后期变形能力、延性等方面均优于普通钢筋约束混凝土轴压柱;采用 600MPa 级纵筋对柱轴压承载力提高有限,但有利于 B 型柱后期变形性能和延性的提高[111]。

2018 年,Chen 等通过对 24 个不同直径($150\text{mm} < D < 460\text{mm}$)的圆柱进行轴压试验,研究了尺寸效应对混凝土峰值应力、峰值应变和弹性模量的影响。试验结果表明,随着试件截面尺寸的增大,混凝土的峰值应力和峰值应变均有所减小,而弹性模量基本保持不变,说明尺寸对弹性模量的影响效果不显著[112]。

1.6.2 国内研究现状

2008 年,郑州大学的毛达岭通过对配置 HRB500 级钢筋混凝土柱进行轴压试验,影响因素包括混凝土强度、纵向钢筋配筋率、配箍率和纵筋强度,探讨了混凝土峰值应变和峰值应力随混凝土强度和纵向钢筋配筋率的变化规律;根据轴压柱混凝土应力 - 应变曲线的试验结果,提出考虑纵筋配筋率和体积配箍率的混凝土峰值应力和峰值应变的计算公式和混凝土本构方程;在受压构件中,建议 HRB500 钢筋设计强度取值为 450MPa[113]。

2010 年,青岛理工大学的王静对 9 根钢筋混凝土轴压柱进行单调加载试验,其中 8 根配置 HRBF500 纵筋、1 根配置 HRB400 纵筋作为对比,观察试验过程中的裂缝开展和破坏状态。试验研究表明:HRBF500 钢筋混凝土柱的破坏形态、变形及裂缝特点与普通的钢筋混凝土柱基本相同[114]。

2010 年,大连理工大学的胡钟对 32 根钢筋混凝土柱进行轴压试验,其中 26 个为配置高强钢筋的约束柱以及 6 个素混凝土柱。影响因素包括:混凝土强度、纵向钢筋配筋率、体积配箍率以及箍筋强度等级,研究约束混凝土柱的破坏状态、应力—应变曲线和延性系数。试验结果表明:采用高强钢筋约束高强混凝土柱,能够使高强混凝土柱在轴压下的力学性能得到有效改善[115]。

2012 年,史庆轩等对高强钢筋约束高强混凝土柱的轴心受压试验研究,其混凝土强度达到 80MPa,纵筋强度等级范围在 339 ~ 587MPa,箍筋强度达到 1120MPa。研究表明:在高强混凝土中配置高强钢筋可以使混凝土应力—应变曲线下降段明显变缓,延性性能表现良好。在试验的基础上,提出了一种箍筋应力在极限承载力下的计算方法,进而提出一种在轴压作用下高强钢筋约束高强混凝土的应力—应变关系曲线[116]。

2014 年,李振宝等通过对 11 组箍筋约束混凝土柱进行轴心受压试验,对比各试件的破坏状态、峰值应力、峰值应变、应力—应变关系以及峰值后变形性能等,研究了约束混凝土受力性能受试件尺寸效应和配箍形式的影响规律,以及体积配箍率受尺寸效应的变化规律。结果表明:在相同体积配箍率和配箍形式的工况下,混凝土峰值应力、峰值应变以及峰值后变形性能随试件几何尺寸的增大均呈现下降趋势[117]。

2014 年,天津大学的韩超对 13 个配制高强钢筋的高强混凝土柱进行了轴心受压试验,其中纵筋采用 HTB650 钢筋、箍筋采用 HTH800H 钢筋、混凝土强度等级达到 C60。主要影响参数包括:箍筋直径、箍筋间距、箍筋强度和体积配箍率等,分析了在轴心受压时高强钢筋约束高强混凝土柱结构性能受各参数的影响,研究了各参数对试件破坏状态、纵筋的受力情况、混凝土峰值应力及其对应的峰值应变、荷载—位移曲线以及延性性能的影响。建立高强钢筋约束高强混凝土柱受压承载力计算公式,建议 HTB650 钢筋抗压强度设计值取 540MPa、HTH800H 钢筋抗剪强度设计值取 660MPa[118]。

2017 年,深圳大学的张明阳基于 13 根方形截面箍筋约束高强混凝土柱轴压试验。探究混凝土强度、箍筋配置形式、箍筋间距、外掺纤维种类对钢筋混凝土柱轴压性能影响。试验结果表明:试件的箍筋配箍率越高,约束核心混凝土的延性越好。使用有限元软件 ABAQUS 对钢筋混凝土柱在单轴单调加载情况下进行非线性模拟分析,模拟分析所得结果与试验结果较为吻合[119]。

1.7 重复荷载下受压构件研究现状

1.7.1 国外研究现状

1992 年,Madas P 等提出一种约束混凝土的应力—应变本构模型,适用于单调荷载和重复荷载作用下的混凝土构件。并使用迭代的方法来计算箍筋约束作用,该模型考虑了试验加载过程中本构关系受泊松比变化的影响以及峰值应变在不同钢筋和混凝土的影响[120]。

2014 年,Achillopoulou D V 等对 6 个钢筋混凝土方形柱在重复荷载下进行轴压试验,以了解施工损伤对钢筋混凝土柱性能的影响。在试件制作过程中故意做一些损伤,并对这些损伤进行量化,通过试验和分析提出的新的简化模型来评定混凝土柱的承载能力。研究结果表明:即使进行适当的修复,初始结构的损伤依然使结构的承载力下降 22%;简化模型对评定修复柱的承载能力具有较好的效果[121]。

2015 年,Karpenko N I 等通过收集国内外的有关试验数据,讨论了在循环压缩荷载作用下混凝土应力与应变的关系。研究了累积变形随循环次数变化的规律和有限循环次数后混凝土破坏后的应力变化趋势。并通过对各级循环的应变增量求和,确定了混凝土的总变形。该技术适用于确定在低应力水平下变形稳定之前的循环次数,以及在高应力水平下混凝土破坏之前的循环次数[122-123]。

2017 年,Wang X 等对 5 根箍筋约束的十字形混凝土柱进行了轴向重复荷载试验。分析了柱的破坏过程、破坏特征、骨架曲线和延性,建立了延性系数公式。结果表明,随着配箍特征值的增加,试件由斜向破坏变为纵向压碎破坏,十字形柱的峰值荷载及峰值位移随之增加,骨架曲线的下降段逐渐趋向于平缓,延性系数的计算结果与试验结果吻合程度较好[124]。

1.7.2 国内研究现状

2013 年,西安建筑科技大学的朱文治制作了 6 组混凝土圆柱构件,混凝土强度等级有 3 种,并对其中部分构件进行碳化,对每组试件分别施加轴向单调荷载和重复荷载,得到在单调荷载和重复荷载作用下的混凝土应力—应变曲线。比较未碳化混凝土与碳化混凝土在轴向单调荷载作用下的应力—应变全曲线,以及轴向重复荷载作用下的应力—应变外包络曲线,分析混凝土应力—应变关系受碳化程度的影响。研究结果表明:在轴向重复荷载作用下,碳化混凝土的应力—应变外包络线与单调荷载下应力—应变全曲线趋势大致相同[125]。

2013 年,西安建筑科技大学的刘娜对 5 组混凝土柱试件进行冻融循环试验,冻融次数范围在 0 ~400 次,并对试件分别进行单调和重复加载试验,对比分析两者破坏状态的差异。得出混凝土在不同冻融循环次数后的应力—应变曲线,分析单调荷载与重复荷载作用下混凝土的峰值应力及其对应的峰值应变与冻融循环次数间的变化规律[126]。

2016 年,哈尔滨工业大学的齐振麟通过对 72 个混凝土柱试件进行冻融循环试验,对不同再生集料取代率再生混凝土进行单调荷载及重复荷载试验,研究成果表明:在重复荷载下,冻融损伤再生混凝土应力—应变外包络线与单调荷载下应力—应变曲线基本一致,单调荷载下再生混凝土应力—应变全曲线的方程,依然适用于重复荷载作用下再生混凝土的应力—应变外包络曲线[127]。

2012—2017 年,杜修力等制作了 16 组不同试件尺寸的高强钢筋混凝土柱,研究其在轴向受压单调荷载及重复荷载下的力学性能,对比分析了破坏形态、应力—应变曲线、承载力、变形及刚度。结果表明:加载方式对高强钢筋混凝土柱的破坏形态影响比较明显;与单调荷载作用相比,轴向重复荷载作用下的高强钢筋混凝土柱的破坏形态表现出更强的脆性,且名义轴压强度减小,尺寸效应更显著[128-130]。

2017 年,吕西林等对钢纤维高强混凝土立方体试块分别进行单调荷载和重复荷载作用下的轴向受压试验,钢纤维体积率范围在 0 ~2.0% ,混凝土强度等级有 C60 和 C80 两种。建立考虑配置钢纤维情况的高强混凝土应力—应变数学模型,并提出重复荷载下钢纤维高强混凝土的卸载曲线和再加载曲线计算公式。计算结果与试验结果吻合较好[131]。

1.8 纤维增强混凝土研究现状

钢纤维混凝土(Steel Fiber Reinforced Concrete)是纤维混凝土中用量最多、用途最广泛的一种,其与普通混凝土相比,可以解决抗拉强度低、韧性差等一系列的缺点,尤其是对裂后韧性和抗冲击韧性的提高,对抗压强度也有一定程度改善。

2002 年,姚武、蔡江宁等根据试验结果分析了纤维长度、钢纤维掺量、混凝土强度等级、最大集料粒径与钢纤维混凝土的抗弯韧性的关系。研究表明:基材、纤维以及两者之间的界面黏结强度都是影响钢纤维混凝土性能的重要因素,钢纤维混凝土的韧性取决于两个因素,一是如集料粒径、强度等级等混凝土本身的因素;二是如钢纤维长度、纤维体积率等钢纤维本身因素,因此合理选择混凝土参数、纤维参数以及研究混凝土与纤维界面的黏结强度是非常有必要的[132]。

2004 年,P. S. Song、S. Hwang 等人在高强混凝土中分别掺入体积率为 0.5%、1%、1.5%和2%的钢纤维,研究钢纤维体积率对高强混凝土力学性能的影响。研究结果表明:随着钢纤维体积率的增加,试件的劈裂抗拉强度、断裂模量以及韧性指数均不断增大,在体积率为 2% 时各项指标达到最大,劈裂抗拉强度、断裂模量最大增量分别为 98.3% 和 126.6%,韧性指数 I5、I10 和 I30 分别为 6.5、11.8 和 20.6。抗压强度在体积率为 1.5% 时达到最大,最大增量为 15.3%。为验证试验结果的正确性,建立相应的模型,得出试验结果与模型能较好吻合的结论[133]。

2005 年,管仲国、黄承逵等研究了钢纤维形状、基体强度等级以及体积率对钢纤维混凝土受压极限强度的影响。文中建立了双参数、双因素模型,根据试验结果的回归拟合,得出可以用《混凝土结构设计规范》计算的各等级基体强度的计算公式,并且给出了表达式中纤维形状因子的建议值[134]。

2007 年,刘永胜等在尺寸较大的 SHPB 和 MTS810 上进行了钢纤维混凝土的动静态力学性能试验。研究表明:钢纤维混凝土是一种具有非常明显的钢纤维增强、增韧效应的应变率敏感材料。由应力—应变曲线上的特征点,提出了一种钢纤维混凝土的本构损伤模型,该模型包含了应变和纤维增强效应。模型充分考虑了损伤软化、应变率硬化、纤维增强等因子,可以较好地得出试件的响应特性[135]

2010 年,汤寄予、高丹盈等通过对在高强混凝土中掺入体积率不超过 2% 的工程中常用的钢纤维(剪切波纹型、切断弓形、铣削型钢纤维)所形成的两种不同尺寸的小梁试件进行韧性和弯曲强度试验研究,分析钢纤维体积率和不同种类的钢纤维对试件韧性和弯曲强度的影响,研究表明:当高强混凝土中分别掺入体积率为 2% 的剪切波纹型、切断弓形、铣削型钢纤维时,高强混凝土的开裂荷载分别增加 42%、41% 和 72%,弯曲极限承载力分别提高 57%、84% 和 90%,故高强混凝土的韧性和弯曲强度受纤维种类的影响,因此改进纤维的形状及加工工艺对改善高强混凝土的性能是非常有必要的。对于同一种钢纤维而言,随着体积率的增大,高强混凝土变形能力和承载能力不断增大。另外,高强混凝土的尺寸效应系数也受钢纤维的影响,试验时应考虑试件尺寸对试验结果的影响[136]。

1.9 钢筋混凝土框架节点研究现状

钢筋混凝土梁柱节点是公认的受力较复杂的构件,美国、日本、新西兰等国在二十世纪六十年代就开始对梁柱节点进行系统的理论研究和试验。

二十世纪五十年代,日本坪井善藤教授采用试验与理论研究相结合的方法,最早对型钢混凝土梁柱节点进行研究,并进行了少量钢筋混凝土梁柱节点的研究,提出了节点的受力机理和研究方法[137]。

二十世纪七八十年代,以新西兰的 Park R. 和 Paulay T.[138]、美国的 Hanson N. W.[139] 和 J. O. Jirsa、中国的张连德以及日本的青山博之等人为代表[140]对中间层钢筋混凝土梁柱中间节点以及边节点进行了历史上第一次系统的试验研究,该研究提供了最早的节点抗震性能试验数据,阐述了梁柱节点传力机理以及失效模式,具有十分重要的历史意义。自 1974 年起,在中国建筑科学研究院的组织带领下,由东南大学、北京市建筑设计院、西安冶金建筑学院等 23 个单位成立了框架节点专题研究小组,先后对 12 个类型的梁柱节点进行了系统的分析[141],相应的结果写入《混凝土结构设计规范》(GBJ 10—89)[142]中。

2002 年,白绍良、傅剑平等人进行了 8 组 16 个矩形柱中间层中节点和 4 个圆柱节点组合体低周往复加载试验,分析了节点传力机理以及抗震性能的影响因素,并且分析了不同工况作用下的梁筋黏结退化规律以及节点核心区的剪切变形,提出了节点抗震性能控制条件和控制准则[143]。

2004 年,余琼、吕西林和陆洲导对 4 个框架节点进行了低周往复荷载试验,分析了核心区体积配箍率、箍筋间距和混凝土强度等因素对试件开裂、刚度、延性和抗震性能等方面的影响。研究表明:增加节点核心区箍筋、梁端箍筋可使节点的延性、刚度及节点的抗震能力提高[144]。

自 2006 年起,白绍良、傅剑平等对一系列配置 HRB500 级高强钢筋框架中间层中节点进行了梁筋黏结退化研究[145]和抗震性能试验研究[146-148]。

2013 年,朱宏平、代筠杰对 3 榀配置 HRB500E 高性能钢筋混凝土梁柱节点进行了拟静力试验,研究高性能钢筋的工程可行性、优越性以及抗震性能。研究表明:高性能钢筋混凝土梁柱节点在低周往复荷载作用下显示出良好的延性和能量耗散性能,能够满足抗震性能的要求[149]。

钢纤维在结构方面的研究主要体现在纤维增强的梁、矩形柱、矩形柱框架节点等构件上,其研究内容主要为验证钢纤维可否代替箍筋承受剪力,能否提高构件的受力性能、延性以及抗震性能。

1977 年,美国 Henager 对纤维混凝土框架节点进行了最早的研究。他设计了两个足尺梁柱节点对比试验,其中一个试件用钢纤维来代替节点区箍筋,与另外一个普通混凝土梁柱节点做对比。研究表明:钢纤维混凝土节点的延性、刚度、极限承载力和抗裂性能均由于普通节点[150]。

1984 年,Craig、R. John 等进行了 10 个梁柱节点试验,其中 5 个构件采用体积率为 1.5% 的带弯钩的钢纤维进行增强。研究结果表明:采用钢纤维增强的节点具有较大的黏结性能,并且具有较大的变形能力,节点的耗能能力显著提升[151]

2004 年,Attaalla、Aqbabian 等对采用钢纤维增强的高强混凝土中节点进行了拟静力试验。试验结果表明:①对于高强混凝土的研究不可使用普通混凝土的抗剪强度公式;②在高强混凝土节点核心区采用钢纤维增强可降低节点的变形,大约为 45%[152]。

2007 年,Gencoplu 等进行了 7 个足尺梁柱边节点拟静力试验,研究梁端钢纤维掺加范围和箍筋配箍率对节点抗震性能的影响,并且确定钢纤维在梁端的最佳掺加范围[153]。

2009 年,高丹盈等对 9 个钢纤维增强的高强混凝土框架边节点进行了抗震性能试验研究。试验记录框架边节点的梁相关截面的横向变形以及荷载-位移曲线,研究轴压比、钢纤维掺加范围以及体积率等因素对试件梁滞回特性和截面曲率延性的影响。试验结果表明:钢纤维的掺入,使高强混凝土框架边节点的耗能能力和抗震延性得到了显著的提高,增加了试件梁截面延性,有效地解决了节点核心区箍筋间距小导致施工困难的问题[154]。

2011 年,王铁成、赵海龙为研究纤维品种及纤维掺入范围对节点破坏形态、承载能力、变形能力和抗震性能等方面的影响,设计了采用钢纤维增强和聚丙烯纤维增强的 4 个异形柱边节点和 6 个中间节点[155]。

基于国内外研究情况,尚未发现有关高强钢筋高韧性混凝土框架梁柱节点抗震性能的研究,因此有必要对配置 600MPa 钢筋高韧性混凝土框架梁柱中节点进行研究。

1.10 框架结构国内外研究现状

1.10.1 国外研究现状

Elwood K J 等[160-161]通过振动台试验研究了多跨钢筋混凝土框架结构地震

作用下的抗倒塌能力,对比研究了两个两跨一层的钢筋混凝土框架结构由于中柱失效后的内力重分布情况,结果表明:随着轴压比的增大,结构的抗倒塌能力显著下降。

Nakashima M 等人[162]对三层足尺钢框架结构进行往复加载至结构破坏。试验结果表明,由于局部屈曲,底部柱的侧向承载力逐渐丧失。最后,由于底部柱承载力的丧失而形成软弱层,最终导致结构破坏。

Lignos D G 等[163]对两个 1/4 缩尺的钢框架进行了振动台试验。结果表明,P-δ 效应和试件刚度的退化是导致结构破坏的主要原因,结构响应对荷载的加载过程非常敏感。

Kim Y 等人[164]研究了具有初始损伤缺陷的偏心结构抗震性能。采用超柔度加筋法对结构的强度和刚度略有提高,对结构的极限变形有较大的改善作用。其结构破坏时,层间位移角可达 10%,轴向变形可达 2.5%。

Ghannoum W M 和 Moehle J P[165]对一个 1/3 缩尺的三层三跨钢筋混凝土框架进行了振动台试验。试验结果表明:结构底部的柱先弯曲屈服,然后失去抗剪承载力,最后轴向承载力丧失,导致结构破坏,结构内力的重新分布延缓了结构的倒塌。地震动持续时间对结构的破坏也有重要影响。

Matsumiya T 等[166-168]在日本 E-Defense 振动台架试验进行了一系列的全尺寸结构抗震试验。分别研究了钢框架结构和长时间地震动对结构的影响。

1.10.2 国内研究现状

2006 年,清华大学叶列平等分别对三层单跨、六层及十层双跨的普通钢筋混凝土框架和柱中配置高强钢筋的混凝土框架在破坏机制、动力响应、残余变形等方面进行了分析研究。理论分析结果表明:在框架柱中配置高强钢筋,可以避免出现普通框架的柱铰侧移破坏机构,使结构具有更高的侧向承载力,且在相同的侧移变形下可以减少结构损伤程度,同时可以减少框架结构的残余变形,有利于结构的震后修复。因此,利用高强钢筋的弹性恢复能力,简单地将高强钢筋按照普通钢筋的方式配置于框架柱中,便可以极大地改善结构地抗震性能。

2009 年,湖南大学江涛[169]做了关于配有高强钢筋的混凝土框架柱的试验。结果为:配有 500MPa 级钢筋构件与普通构件在破坏前反应大体相似,塑性铰转动幅度较大,延性较好。高强钢筋发挥了它的性能。

2009 年,重庆大学赵亮[170]分别对配置 HRB335、HRB400 和 HRB500 钢筋为受力钢筋的平面框架,在抗震烈度为八度(0.30g)、框架结构抗震等级为 II 级的情况下进行动力时程反应分析。结果表明:配筋强度与位移成正比,随着配筋强度的提高,塑性铰的出铰数量相对减少,而且在柱端出铰的数量很少。

2009 年,山东建筑大学张鑫等[171]将屈服强度很高的钢绞线用在了框架柱中,对其进行低周往复荷载后,观察它们的结构残余变形。研究表明:在框架柱中配置高强钢筋能够减轻构残余变形程度,减少地震造成的损失。推迟底层框架柱的屈服时间、降低底层柱出铰导致的结构因层间侧移致使破坏的可能性。

2011 年,青岛理工大学王来其等[172-173]研究了配置 HRB500 钢筋框架的抗震性能,研究表明:配置 500MPa 级钢筋的混凝土框架梁柱试件,在破坏时纵向钢筋都可以达到屈服状态,试件承载力较高、位移延性较好,有利于提高结构的抗震性能。

2011 年,重庆大学梁舟菀[174]对采用不同强度等级钢筋的三跨八层混凝土框架进行了相当于大震弹塑性动态时程分析模拟。分析结果表明:在三种不同配筋强度的框架中,在强震水平的地震作用下,配置高强钢筋框架的塑性铰出现晚于其他框架,但是不同配筋框架柱的顶点位移大体相同。

2011 年,华南理工大学韦锋、刘刚等[175]采用《混凝土结构设计规范》修订稿的设计方法,制作了所配钢筋强度不同的平面框架结构,还对它们用动力时程反应的方法进行了研究分析,结果显示:框架的位移在大震的水平下位移也都大体相似,表现较好的是配有 HRB500 钢筋框架,其在 8 度 0.3g 的地震下没有形成薄弱的地方,对地震的抵抗作用较好,满足了规定的抗震性能的要求。

2012 年,大连理工大学陈鑫[176-178]对配置高强钢筋高强混凝土框架结构抗震性能进行了研究。并使用 OpenSees 对八层高强钢筋混凝土框架结构进行非线性地震反应分析。

2014 年,重庆大学傅剑平、杨红等[179]在设计的过程中,采用等强度代换,并且在设计过程中严格遵循规范的要求,基于 Perform-3D 软件模拟了配有不同钢强度筋的混凝土框架柱,在 8 度抗震设防烈度的地区,罕见地震的作用下,对框架柱进行非线性动力反应分析。由模拟结果可得:框架梁端的塑性铰减少,屈服出现的时间较晚,框架的整体位移也变得较大。

2015 年,华南理工大学洪文杰[180]采用不同强度的钢筋制作平面框架,并在过程中使用结构非线性分析程序 OpenSees 对它们进行了弹塑性动力时程分析,完成了对配置 HRB500 钢筋的混凝土结构的整体抗震性能进行了研究。

2016 年,华南理工大学张伟[181]研究了高强钢筋混凝土空间结构在双向地震作用下的抗震性能。在 OpenSees 的基础上,分别完成了三种不同的抗震设防烈度和三种不同强度的钢筋空间框架结构在双向地震动作用下的弹塑性地震反应分析。从整体反应位移和局部构件水平两个角度，系统地总结了不同设防烈度区、不同强度等级钢筋混凝土框架结构的地震反应规律。同时，针对空间框架柱端铰数量大、楼板位移大的特点，仅采用等面积置换原理在框架柱中添加高强钢筋，以控制结构的屈服机理。

2 HRB600 钢筋机械锚固性能试验研究

2.1 引言

HRB600 钢筋是我国继 400MPa、500MPa 系列高强钢筋后,新近研发的高强度等级混凝土结构用钢。HRB600 钢筋的普及应用,不仅符合“四节一环保”的理念要求,同时也符合我国建筑行业的发展需求。高强钢筋能否发挥性能优势,取决于钢筋与混凝土之间能否有效黏结锚固。因此,高强钢筋与混凝土之间的黏结锚固问题是高强钢筋推广应用中需要解决的一个关键问题。然而我国 HRB600MPa 钢筋的基础研究工作尚处于起步阶段,尤其是 HRB600 钢筋与混凝土之间机械锚固性能研究尚属空白。因此,亟须对 HRB600 钢筋机械锚固性能进行系统研究,以解决其应用于混凝土结构工程时的锚固问题。

2.2 试验概况

为研究 HRB600 钢筋的机械锚固性能,本章设计 60 个机械锚固试件,通过拉拔试验研究 HRB600 钢筋机械锚固的受力特征、锚固性能影响因素、锚固机理等,同时建立 HRB600 钢筋机械锚固极限强度公式。

2.2.1 试验设计

参考《混凝土结构试验方法标准》(GB/T 50152—2012),试件加载端采用内径较受力钢筋大 2mm、长度为 40mm 塑料管,将钢筋与混凝土隔开,以防止加载端局部挤压对钢筋受力造成影响。试验所采用棱柱体试件形式,见图 2.1。机械锚固形式采用一侧贴焊锚筋和穿孔塞焊锚板两种形式,见图 2.2。

通过查阅相关研究文献,根据研究目的对试验构件进行设计。试验考虑主要影响参数为:混凝土抗拉强度、保护层厚度、锚固长度、配箍率及机械锚固形式。试验设计 E、F 组分别为一侧贴焊锚筋及穿孔塞焊锚板组,焊筋组、锚板组试件分别设计 EA、EB、EC、ED 组及 FA、FB、FC、FD 组,共 8 组 60 个试件。

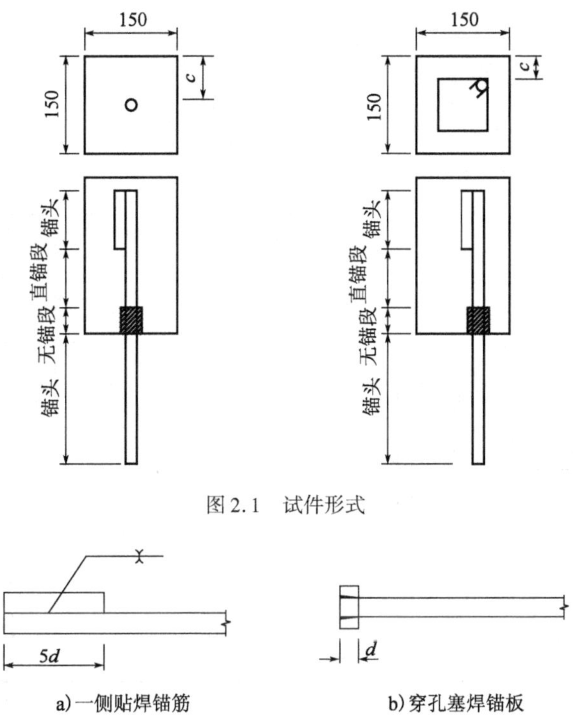

图 2.1 试件形式

5d

d

a)一侧贴焊锚筋

b)穿孔塞焊锚板

图 2.2 机械锚固形式

设计说明:EA 组研究混凝土抗拉强度的影响;EA－II 和 EB 组研究保护层厚度的影响;EA-II 和 EC 组研究锚固长度的影响;ED 组研究配箍率的影响。锚板组试件分组情况同焊筋组。试件设计参数见表 2.1。

试件设计参数 表 2.1

试件编号	混凝土设计强度等级	钢筋直径(mm)	锚固长度(mm)	保护层厚度(mm)	配置箍筋	钢筋位置	试件数量
EA-I	C40	18	180	66	—	中心置筋	3
EA-II	C50	18	180	66	—	中心置筋	3
EA-III	C60	18	180	66	—	中心置筋	3
EB-I	C50	25	250	62.5	—	中心置筋	3
EC-I	C50	18	270	66	—	中心置筋	3
EC-II	C50	18	350	66	—	中心置筋	3
ED-I	C50	18	180	25	A6@70	偏心置筋	3

续上表

试件编号	混凝土设计强度等级	钢筋直径（mm）	锚固长度（mm）	保护层厚度（mm）	配置箍筋	钢筋位置	试件数量
ED-II	C50	18	180	35	A6@70	偏心置筋	3
ED-III	C50	18	180	25	A6@80	偏心置筋	3
ED-IV	C50	18	180	35	A6@80	偏心置筋	3
FA-I	C40	18	180	66	—	中心置筋	3
FA-II	C50	18	180	66	—	中心置筋	3
FA-III	C60	18	180	66	—	中心置筋	3
FB-I	C50	25	250	62.5	—	中心置筋	3
FC-I	C50	18	270	66	—	中心置筋	3
FC-II	C50	18	350	66	—	中心置筋	3
FD-I	C50	18	180	25	A6@70	偏心置筋	3
FD-II	C50	18	180	35	A6@70	偏心置筋	3
FD-III	C50	18	180	25	A6@80	偏心置筋	3
FD-IV	C50	18	180	35	A6@80	偏心置筋	3

2.2.2 试验方法

2.2.2.1 试验装置

试验采用自制反力装置进行拉拔试验，试验装置见图 2.3。采用位移计量测钢筋与加载端截面混凝土相对位移，在锚固端头与直锚段相接处贴钢筋应变片，以量测锚固端头实际受力情况，并采用 DH3818 静态应变采集仪采集试验数据。整个试验在 WAW-300 电液伺服万能试验机上完成。加载装置及钢筋应变片布置情况见图 2.4。

图 2.3 试验装置

2.2.2.2 加载制度

试验采用单调连续加载制度。试验最初采用力控制加载，加载速率为 100N/s；当力—位移曲线发生明显转折后改为位移控制加载，为保证测试设备成功采集曲线下降段，加载速率为 0.2mm/min；进入残余段后适当提高加载速率，采用 2mm/min 加载至试件破坏。

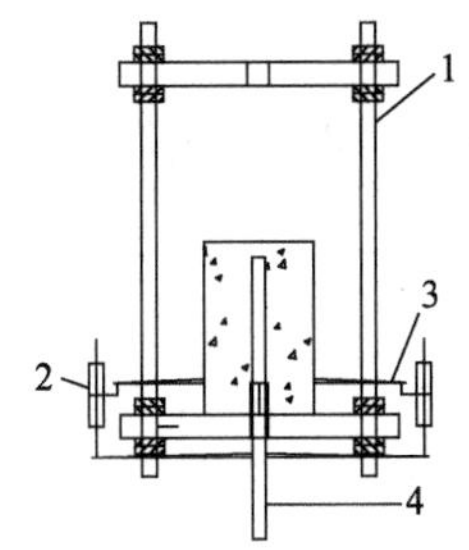

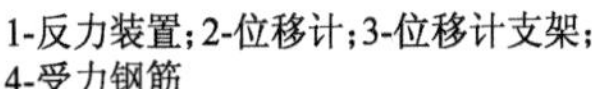
1-反力装置;2-位移计;3-位移计支架;
4-受力钢筋

a) 加载装置

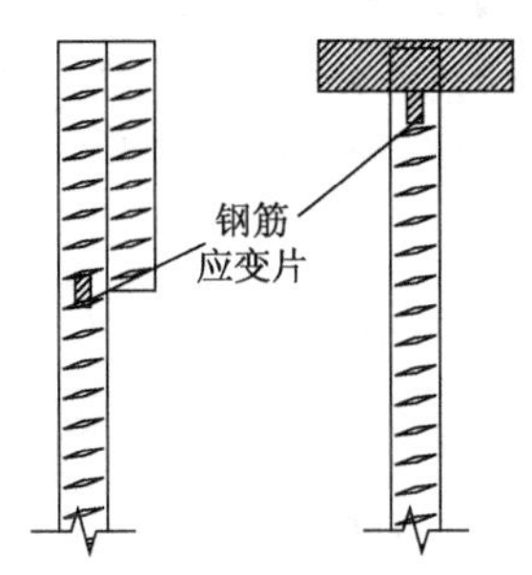

b) 钢筋应变片

图 2.4　试验设备

2.2.2.3　试验步骤

(1) 按照图 2.3 安装试件,准备相关测试和采集设备,并检查试验装置是否安装正确、安全措施是否到位。

(2) 打开电脑及试验机电源和油泵开关,试验机预热不低于 15min,同时将位移计、钢筋应变片引线与 DH3818 应变采集仪连接,并检查是否正常工作。

(3) 编辑试验加载方案,再次检查安全措施是否到位,待一切就绪,开始加载,同时打开应变采集设备。

(4) 观察记录试验裂缝发展、加载状况及采集数据发展情况,如发现异常情况,若在可控范围内则继续加载,否则随时停机,以避免发生危险。

(5) 当试件出现黏结锚固破坏且荷载—位移曲线进入较为稳定的残余阶段或者钢筋拉断后,停止加载。

(6) 松开夹具,卸下试件并清理残余物;保存试验数据并检查是否异常,如存在问题,待问题解决后进行下一组试验。

2.2.3　量测内容

拉拔试验在电液伺服万能试验机上完成,通过特制夹具在钢筋加载端布置位移计,量测加载端滑移 S_l,同时,试验机同步记录加载力 F 和位移 S。采用 DH3818 静态应变采集仪同步采集锚固端头与直锚段相接处钢筋微应变 ε。

具体量测内容主要包括以下方面:

(1) 各级荷载 F_i 相应的钢筋滑移 S_i。

(2)各级荷载 F_i 相应的钢筋锚固端头与直锚段相接处钢筋微应变 ε_i。

(3)钢筋锚固端头开始受力时的钢筋滑移 S_s。

(4)荷载—滑移曲线发生明显转折时的荷载 F_u 和钢筋滑移 S_u。

2.3 试验结果分析

2.3.1 试件的破坏形态

HRB600 钢筋机械锚固试件的破坏类型分为四类:混凝土劈裂破坏、混凝土拉裂破坏、角部混凝土压碎破坏和钢筋屈服破坏。破坏形态如图 2.5 所示。

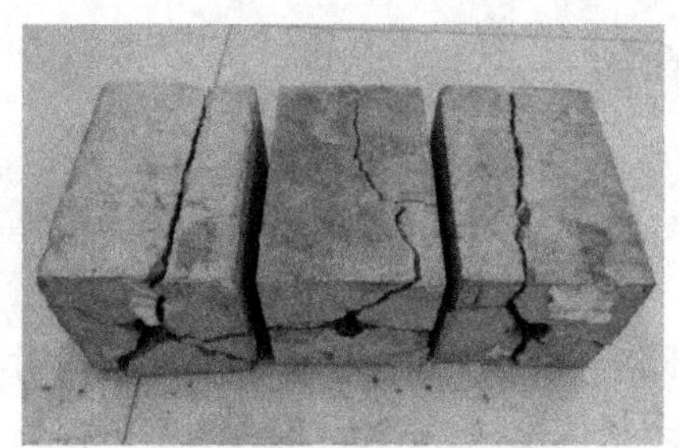

a)混凝土劈裂

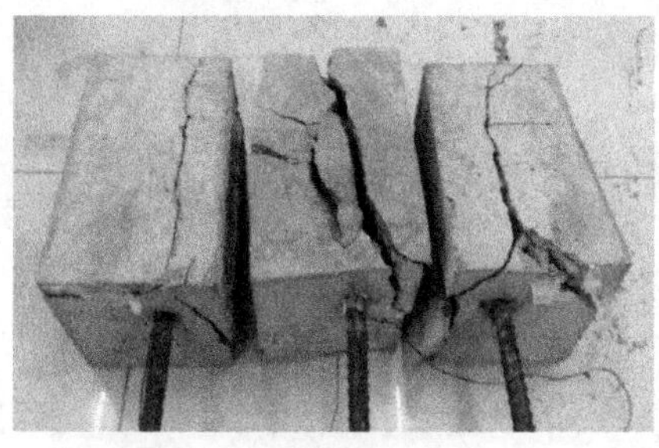

b)混凝土拉裂

c)角部混凝土压碎

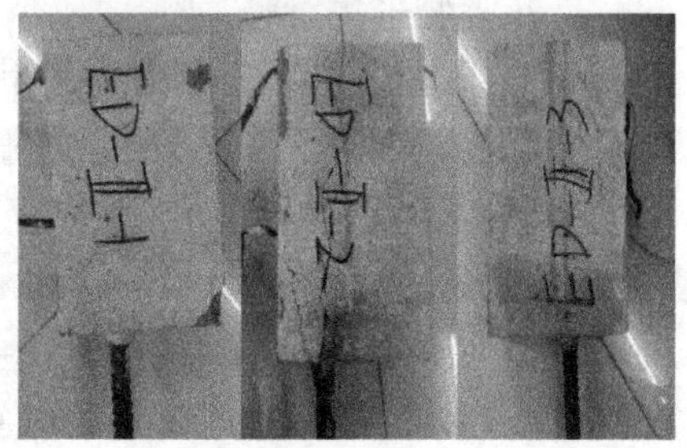

d)钢筋屈服

图 2.5 破坏形态

2.3.2 试验结果

HRB600 钢筋机械锚固试验,采用 30 个一侧贴焊锚筋试件和 30 个穿孔塞焊锚板试件,试验结果如表 2.2 所示。

HRB600 钢筋机械锚固试验结果 表 2.2

试件编号	d (mm)	f_t (MPa)	c/d	l_a (mm)	ρ_{sv} (%)	F_u (kN)	τ_u (MPa)	破坏形式
EA-Ⅰ-1	18	2.90	3.67	180	0	139.81	13.74	混凝土劈裂
EA-Ⅰ-2						55.52	5.45	混凝土劈裂
EA-Ⅰ-3						104.25	10.24	混凝土劈裂
EA-Ⅱ-1	18	3.02	3.67	180	0	145.8	14.32	混凝土劈裂
EA-Ⅱ-2						133.1	13.08	混凝土劈裂
EA-Ⅱ-3						105.65	10.38	混凝土劈裂
EA-Ⅲ-1	18	3.29	3.67	180	0	109.15	10.72	混凝土劈裂
EA-Ⅲ-2						155.02	15.23	混凝土劈裂
EA-Ⅲ-3						80.34	7.89	混凝土劈裂
EB-Ⅰ-1	25	3.02	2.50	250	0	221.56	11.28	混凝土劈裂
EB-Ⅰ-2						158.84	8.09	混凝土劈裂
EB-Ⅰ-3						191.22	9.74	混凝土劈裂
EC-Ⅰ-1	18	3.02	3.67	270	0	157.04	10.29	钢筋屈服
EC-Ⅰ-2						139.45	9.13	混凝土劈裂
EC-Ⅰ-3						142.02	9.30	混凝土劈裂
EC-Ⅱ-1	18	3.02	3.67	350	0	155.15	7.84	混凝土劈裂
EC-Ⅱ-2						154.84	7.82	钢筋屈服
EC-Ⅱ-3						157.5	7.96	钢筋屈服
ED-Ⅰ-1	18	3.02	1.39	180	1.62	90.34	8.88	角部压碎
ED-Ⅰ-2						159.02	15.62	角部压碎
ED-Ⅰ-3						157.81	15.50	角部压碎
ED-Ⅱ-1	18	3.02	1.94	180	1.16	156.53	15.38	钢筋屈服
ED-Ⅱ-2						160.46	15.76	钢筋屈服
ED-Ⅱ-3						152.39	14.97	钢筋屈服
ED-Ⅲ-1	18	3.02	1.39	180	1.42	157.93	15.52	角部压碎
ED-Ⅲ-2						145.53	14.30	角部压碎
ED-Ⅲ-3						156.58	15.38	钢筋屈服

续上表

试件编号	d (mm)	f_t (MPa)	c/d	l_a (mm)	ρ_{sv} (%)	F_u (kN)	τ_u (MPa)	破坏形式
ED-Ⅳ-1	18	3.02	1.94	180	1.01	110.23	10.83	角部压碎
ED-Ⅳ-2						155.51	15.28	钢筋屈服
ED-Ⅳ-3						155.34	15.26	角部压碎
FA-Ⅰ-1	18	2.90	3.67	180	0	135.94	13.36	混凝土劈裂
FA-Ⅰ-2						106	10.41	混凝土劈裂
FA-Ⅰ-3						93.81	9.22	混凝土劈裂
FA-Ⅱ-1	18	3.02	3.67	180	0	150.34	14.77	混凝土劈裂
FA-Ⅱ-2						117.57	11.55	混凝土劈裂
FA-Ⅱ-3						159.84	15.70	钢筋屈服
FA-Ⅲ-1	18	3.29	3.67	180	0	162.43	15.96	钢筋屈服
FA-Ⅲ-2						150.45	14.78	混凝土劈裂
FA-Ⅲ-3						105.87	10.40	混凝土劈裂
FB-Ⅰ-1	25	3.02	2.50	250	0	182.52	9.30	混凝土劈裂
FB-Ⅰ-2						222.08	11.31	混凝土劈裂
FB-Ⅰ-3						204.39	10.41	混凝土劈裂
FC-Ⅰ-1	18	3.02	3.67	270	0	154.45	10.12	钢筋屈服
FC-Ⅰ-2						153.53	10.06	混凝土劈裂
FC-Ⅰ-3						131.47	8.61	混凝土劈裂
FC-Ⅱ-1	18	3.02	3.67	350	0	158.5	8.01	钢筋屈服
FC-Ⅱ-2						155.7	7.87	混凝土劈裂
FC-Ⅱ-3						139.06	7.03	混凝土劈裂
FD-Ⅰ-1	18	3.02	1.39	180	1.62	107.43	10.55	角部压碎
FD-Ⅰ-2						156.42	15.37	钢筋屈服
FD-Ⅰ-3						150.51	14.79	混凝土拉裂
FD-Ⅱ-1	18	3.02	1.94	180	1.16	157.1	15.43	钢筋屈服
FD-Ⅱ-2						152.41	14.97	钢筋屈服
FD-Ⅱ-3						150.01	14.74	混凝土拉裂

续上表

试件编号	d (mm)	f_t (MPa)	c/d	l_a (mm)	ρ_{sv} (%)	F_u (kN)	τ_u (MPa)	破坏形式
FD-Ⅲ-1	18	3.02	1.94	180	1.16	128.31	12.61	角部压碎
FD-Ⅲ-2						148.79	14.62	角部压碎
FD-Ⅲ-3						142.81	14.03	角部压碎
FD-Ⅳ-1						157.75	15.50	钢筋屈服
FD-Ⅳ-2						156.93	15.42	钢筋屈服
FD-Ⅳ-3						155.82	15.31	钢筋屈服

注：d-钢筋直径；f_t-混凝土抗拉强度；c-混凝土保护层厚度；l_a-钢筋锚固长度；ρ_{sv}-配箍率；F_u-极限拉拔力；τ_u-机械锚固平均极限强度实测值。

配箍率和机械锚固平均极限强度实测值的计算公式如下：

$$\rho_{sv} = \frac{A_{svl}}{cs_{sv}} \tag{2.1}$$

$$\tau_u = \frac{F_u}{\pi d l_a} \tag{2.2}$$

式中：A_{svl}——单支箍筋的截面面积；

s_{sv}——箍筋间距。

2.3.3 锚固性能主要影响因素

影响因素（混凝土抗拉强度、混凝土保护层厚度、锚固长度以及配箍率）对机械锚固极限强度的影响及试验现象的分析如下：

（1）混凝土强度

取焊筋 EA 组试件、锚板 FA 组试件，经筛选分析后分别取平均值作图分析。

由图 2.6 可看出，随着混凝土抗拉强度的提高，试件锚固强度明显提高；当混凝土设计强度等级大于 C50 时，提高幅度开始降低，焊筋组试件锚固强度低于锚板组试件。

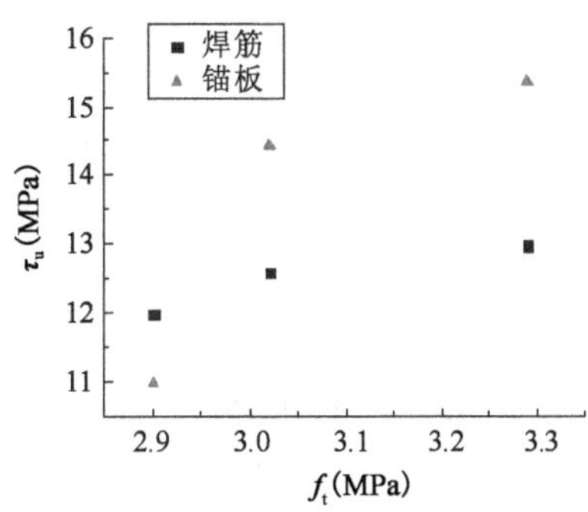

图 2.6 混凝土强度对锚固强度的影响

混凝土抗拉强度提高后可以增强钢筋直锚段黏结力、端头承压力，试件锚固强度随之提高;混凝土抗拉强度过高,会造成黏结应力更加集中、传递长度变短,锚固强度提高幅度随之降低。

EA 组、FA 组均为未配箍试件,未配箍试件直锚段黏结强度一般只能达到劈裂强度,此时机械锚固端头尚无明显位移,只能承担小部分锚固力;EA 组直锚段钢筋长度为 $5d$,FA 组直锚段钢筋长度为 $9d$。EA 组较 FA 组试件,破坏时锚固端头的挤压劈裂作用对直锚段黏结锚固力的影响更加明显。因此,焊筋组试件锚固强度较锚板组试件偏低。

(2)混凝土保护层厚度

取 EA-Ⅱ组、EB 组以及 FA-Ⅱ组、FB 组试件数据,进行混凝土保护层厚度对 HRB600 钢筋机械锚固强度影响的分析,结果见图 2.7。

混凝土保护层对钢筋周围混凝土提供横向约束作用,抑制纵向裂缝发展。由图 2.7 可以看出,随相对保护层厚度的增大,两种机械锚固试件的锚固强度均明显提高;混凝土保护层厚度的增大对锚板组试件锚固强度的提高作用更加明显。

(3)锚固长度

通过 EA-Ⅱ组、EC 组以及 FA-Ⅱ组、FC 组试验数据,针对锚固长度对 HRB600 钢筋机械锚固强度的影响进行分析,结果见图 2.8。

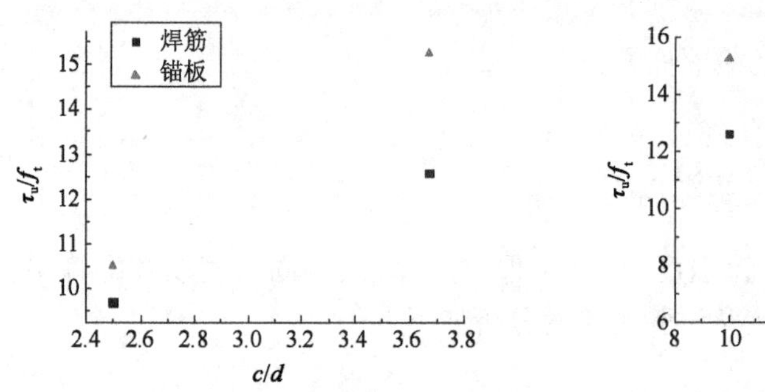

图 2.7　混凝土保护层厚度对锚固强度的影响

图 2.8　锚固长度对锚固强度的影响

随着钢筋锚固长度的增加,锚固端头所承担锚固力减小,直锚段黏结应力分布趋向不均匀,平均黏结应力降低。由图可看出,随着锚固长度增大,两种机械锚固试件的锚固强度均明显降低。

锚板 FA-Ⅱ组试件直锚段钢筋长度($9d$)明显大于焊筋 EA-Ⅱ组试件($5d$),锚固端头的挤压劈裂作用受到较大削弱,钢筋直锚段的黏结锚固力有较大提高,因此,相对锚固长度 $l_a/d=10$ 锚板组试件与焊筋组试件相比,锚固强度较高。

(4)配箍率

EA-Ⅱ组、ED 组以及 FA-Ⅱ组、FD 组试件,研究配箍率对 HRB600 钢筋机械锚固试件锚固强度的影响。其中,EA-Ⅱ、FA-Ⅱ为未配箍试件,保护层厚度为66mm。ED 组、FD 组试件配箍率为 1.01% ~1.62%,保护层厚度为 25mm 或 35mm。

由图 2.9 可看出,焊筋组未配箍试件锚固强度明显低于配箍试件,而锚板组未配箍试件却不明显;配箍试件配箍率大于 1% 时,配箍率的增大对锚固强度无明显提高。

当配箍率小于 1% 时,箍筋的存在使钢筋周围混凝土的横向约束作用得到加强,在裂缝明显发展条件下,试件直锚段黏结力依然可以保持,同时锚固端头可以承担更大锚固力。因此,焊筋组未配箍试件与配箍试件锚固强度差异较大。当配箍率大于 1% 时,箍筋对内部混凝土的横向约束作用已经不再明显,因此配箍率的增大对锚固强度无明显提高。

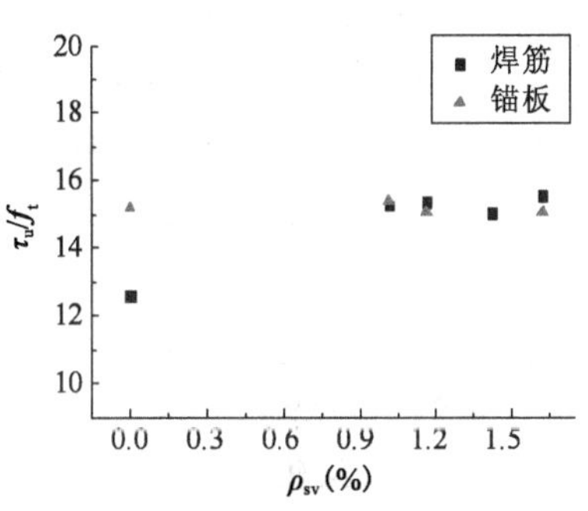

图 2.9 配箍率对锚固强度的影响

未配箍试件混凝土保护层厚度约 $3.67d$(66mm),而配箍试件混凝土保护层厚度约 $1d$(20mm)、$1.5d$(35mm),混凝土保护层厚度对受力钢筋具有一定横向约束作用,起到替代箍筋的作用,且对锚板组试件更加明显。因此,锚板组配箍试件与未配箍试件相比,锚固强度提高不明显。

另外,试验现象表明具有 25mm 混凝土保护层厚度的配置箍筋试件破坏形式基本为混凝土压碎破坏,而具有 35mm 混凝土保护层厚度的配置箍筋试件基本为钢筋屈服破坏。这说明配箍相当的情况下,应尽量提高混凝土保护层厚度以保证锚固的延性,而不仅仅拘泥于保证锚固的强度。

2.3.4 锚固强度公式

文献[55]提出的机械锚固极限强度经典计算公式:

$$\tau_{u} = \tau_{ua} + \tau_{um} \tag{2.3a}$$

$$\tau_{ua} = \varphi(0.82 + 0.9d/l_{a})(1.6 + 0.7c/d + 20\rho_{sv}) \tag{2.3b}$$

$$\tau_{um} = \psi f_{t}\mathrm{d}/(\pi l_{a}) \tag{2.3c}$$

式中：τ_u——折算的机械锚固极限强度；

τ_{ua}——直锚段的极限锚固强度；

τ_{um}——锚头的折算极限锚固强度；

φ——考虑锚头挤压和劈裂作用的折减系数，取值见表 3.2；

ψ——机械锚固形式系数，取值见表 3.2。

根据锚固强度经典公式(2.3)验算 HRB600 钢筋机械锚固强度结果见表(2.3)。配箍试件吻合较好，未配箍试件差距较大。详细验算结果见表 2.3。

经典公式验算结果

表 2.3

试件背景		修正系数		τ_u^0/τ_u^1		
锚固形式	是否配箍	φ	ψ	平均值	标准差	变异系数
焊筋	否	1.10	60	0.62	0.10	0.16
	是			1.03	0.04	0.04
锚板	否	1.05	33	0.85	0.15	0.17
	是			1.24	0.06	0.05

注：τ_u^0 为试验实测锚固强度；τ_u^1 为按公式(2.3)计算的锚固强度。

试验现象及初步分析表明，配箍试件与未配箍试件有所不同。因此，对配箍试件和未配箍试件的锚固强度，计算公式分别进行拟合回归分析。基于经典机械锚固极限强度公式(2.3)，修正不同锚固条件下系数 φ、ψ 取值，同时考虑箍筋横向约束作用的发挥必须具备相应保护层厚度、直锚段钢筋长度 l_{a1} 对机械锚固性能的影响等，得到符合 HRB600 钢筋与混凝土机械锚固极限强度的计算公式为：

$$\tau_u = \varphi_1(0.82 + 0.9d/l_{a1})(1.6 + 0.7c/d + 14.4\rho_{sv}c/d)f_t\frac{l_{a1}}{l_a} + \psi_1 d/(\pi l_a)f_t \tag{2.4}$$

式中：φ_1——直锚段黏结锚固力折减系数；

ψ_1——机械锚固形式系数；

l_{a1}——直锚段钢筋长度。一侧贴焊锚筋 $l_{a1} = l_a - 5d$；穿孔塞焊锚板 $l_{a1} = l_a - d$。

φ_1、ψ_1 是经试验采集数据分析直锚段及锚固端头各自分担锚固力的基础上，综合考虑两者相互影响修正得出的，不同的机械锚固形式以及是否配箍都会影响到两者的数值。具体数值见表 2.4。

修正系数取值及试验分析结果 表 2.4

试件背景		修正系数		τ_u^0/τ_u^2		
锚固形式	是否配箍	φ_1	ψ_1	平均值	标准差	变异系数
焊筋	否	0.45	85	1.05	0.15	0.14
	是	0.90	112	1.03	0.03	0.03
锚板	否	0.60	55	1.03	0.15	0.14
	是	0.95	75	1.02	0.05	0.05

注：τ_u^0 为试验实测锚固强度；τ_u^2 为按公式(2.4)计算的锚固强度。

由表 2.3、表 2.4 结果可知，不同锚固条件和锚固形式下，试验值与公式(2.4)计算值比值的平均值控制在 1.02 ~ 1.05，吻合较好，而试验值与公式(2.3)计算值比值的平均值在 0.62 ~ 1.24，吻合较差；试验值与公式(2.4)计算值比值的变异系数，均低于或等于试验值与公式(2.3)计算值比值的变异系数，均低于 0.15。因此，回归锚固强度公式(2.4)与经典锚固强度公式(2.3)相比，更适用于 HRB600 钢筋与混凝土机械锚固极限强度的计算取值。详细计算结果如表 2.5 所示。

机械锚固极限强度计算结果 表 2.5

试件编号	τ_u^0 (MPa)	专题组τ_u^1 (MPa)	回归修正τ_u^2 (MPa)	τ_u^0/τ_u^1	τ_u^0/τ_u^2	τ_u^2/τ_u^1
EA-I	11.99	17.63	10.57	0.68	1.14	0.60
EA-II	12.59	18.36	11.00	0.69	1.14	0.60
EA-III	12.98	20.01	11.99	0.65	1.08	0.60
EB-I	9.70	15.90	10.45	0.61	0.93	0.66
EC-I	9.57	15.98	8.88	0.61	1.08	0.59
EC-II	7.87	15.31	7.91	0.54	1.00	0.54
ED-I	15.56	14.52	14.70	1.07	1.06	1.01
ED-II	15.37	15.42	15.23	1.00	1.01	0.99
ED-III	15.07	14.40	14.65	1.05	1.03	1.02
ED-IV	15.27	15.33	15.18	1.00	1.01	0.99
FA-I	11.00	14.59	11.08	0.81	0.99	0.76
FA-II	14.01	15.20	11.54	0.92	1.21	0.76
FA-III	15.37	16.55	12.57	0.93	1.23	0.76

续上表

试件编号	τ_u^0 (MPa)	专题组τ_u^1 (MPa)	回归修正τ_u^2 (MPa)	τ_u^0/τ_u^1	τ_u^0/τ_u^2	τ_u^2/τ_u^1
FB-I	10.34	12.84	10.31	0.82	1.00	0.80
FC-I	9.60	13.74	9.76	0.70	0.98	0.71
FC-II	7.64	13.08	8.94	0.58	0.86	0.68
FD-I	15.08	11.53	14.09	1.18	1.07	1.22
FD-II	15.05	12.39	14.80	1.21	1.00	1.21
FD-III	13.75	11.41	13.99	1.20	0.98	1.23
FD-IV	15.41	12.30	14.72	1.25	1.03	1.21

注：τ_u^0 为试验实测锚固强度；τ_u^1 为公式(2.3)计算的锚固强度；τ_u^2 为公式(3.4)计算的锚固强度。

3 配置 HRB600 钢筋混凝土梁的受弯性能研究

为研究 600MPa 高强钢筋混凝土梁受弯承载力、裂缝的产生和发展过程，以及我国现行《混凝土结构设计规范》(GB 50010)中的裂缝宽度计算公式能否适用于 600MPa 高强钢筋混凝土梁。本章试验共设计 8 根 600MPa 高强钢筋混凝土简支梁和 3 根 400MPa 钢筋混凝土简支梁，在实验室进行三分点对称集中力加载试验。

对配置 600MPa 级高强钢筋混凝土梁及 HRB400 钢筋混凝土梁进行受弯性能试验的研究，分析试验梁的受力性能、裂缝发展的过程及破坏特征。对配置 600MPa 级高强钢筋混凝土梁及 HRB400 钢筋混凝土梁进行受弯承载力分析，给出 HRB600 钢筋强度设计值。

分析《混凝土结构设计规范》(GB 50010—2010)中裂缝宽度计算公式及挠度计算公式对 600MPa 级钢筋混凝土试验梁的适用性。

3.1 试验概况

3.1.1 试件设计

试验共设计 10 根梁，其中，7 根配置 600MPa 钢筋、3 根配置 400MPa 钢筋。试件尺寸 $b \times h \times L$ 均为 200mm × 400mm × 3500mm，试件在纯弯段不配置箍筋，保护层厚度均为 20mm。试件设计参数见表 3.1、配筋情况见图 3.1。

试件设计参数 表 3.1

试件编号	纵筋直径（mm）	纵筋根数	箍筋间距（mm）	箍筋直径（mm）	配筋率 ρ（%）	混凝土强度等级
B1	18	2	100	8	0.70	C40
B2	18	3	100	8	1.05	C40

续上表

试件编号	纵筋直径（mm）	纵筋根数	箍筋间距（mm）	箍筋直径（mm）	配筋率ρ（%）	混凝土强度等级
B3	20	3	100	8	1.30	C40
B4	25	2	100	8	1.37	C40
B5	22	3	100	8	1.58	C40
B6	18	3	100	8	1.05	C50
B7	25	2	100	8	1.37	C50
B8	18	4	100	8	1.40	C40
B9	2×18+16	3	100	8	0.98	C40
B10	18	3	100	8	1.05	C40

注：纵筋 B1～B7 均采用 HRB600 钢筋；纵筋 B8～B10 均采用 HRB400 钢筋；箍筋采用 HRB400 钢筋；试验梁架立筋均由 2 根直径为 14mm 的 HRB400 钢筋构成。

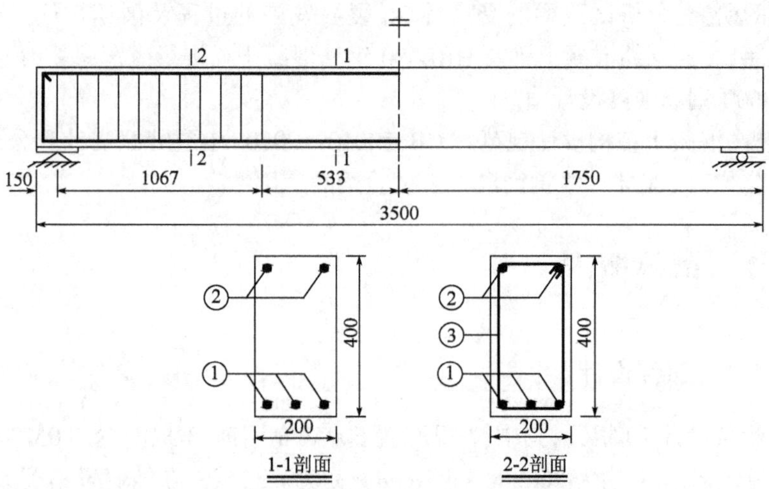

图 3.1　试件配筋详图（尺寸单位：mm）

3.1.2　加载方案

试验采用常规三分点集中力加载方式，采用单调分级加载，并严格按照《混凝土结构试验方法标准》（GB 50152—2012）中的相关规定进行加载。每当加载至相应荷载后，需持荷 10min，加载至正常使用荷载时，需持荷 30min，采集数据需在荷载稳定且持荷结束后。加载装置见图 3.2、加载装置现场见图 3.3。

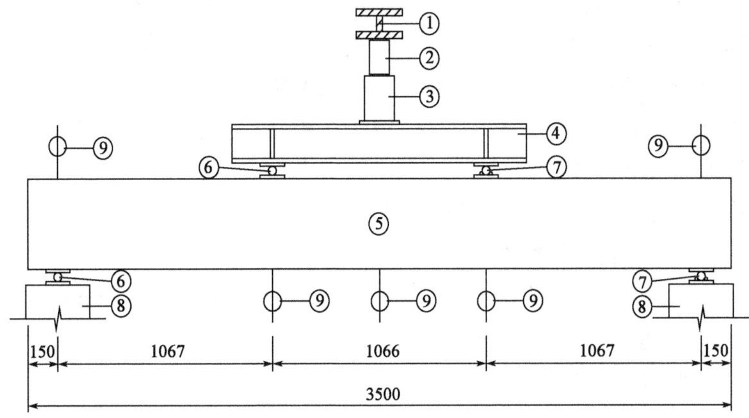

图 3.2　加载装置示意图(尺寸单位:mm)

①-反力架;②-压力传感器;③-液压千斤顶;④-分配梁;⑤-试验梁;⑥-滚动铰支座;⑦-固定铰支座;⑧-支撑台座;⑨-位移计

图 3.3　加载装置现场图

试验荷载实测值的取值应遵循下列原则:

(1)在持荷时间完成后出现试验标志时,取该级荷载值作为试验荷载实测值。

(2)在加载过程中出现试验标志时,取前一级荷载值作为试验荷载实测值;

(3)在持荷过程中出现试验标志时,取该级荷载和前一级荷载的平均值作为试验荷载实测值。

每次试验开始之前,进行加荷前两级荷载的预加载,检验并调试仪器,排除试验梁与墩座和分配梁之间的空隙。本次试验的加载机制为:

(1)在加载到开裂荷载计算值 P_{cr} 的 90% 之前,每级荷载为 $P_{cr}/5$。

(2)达到开裂荷载计算值的90%以后,每级荷载为 $P_{cr}/20$。

(3)试件开裂后,每级荷载为 $P_u/10$(P_u 为极限荷载计算值)。

(4)加载至 $0.9P_u$ 时,每级荷载改为 $P_u/20$ 加载直至破坏。

在加载或者持荷过程中出现以下几种现象,即表明试验梁已达到承载能力极限状态,即可停止加载:

(1)受拉主筋屈服,其受拉应变达到0.01。

(2)梁底部纵向受拉钢筋拉断。

(3)梁底部纵向受拉钢筋处梁的最大垂直裂缝宽度达到1.5mm。

(4)梁挠度达到跨度的1/50,对本次试验即为64mm。

(5)受压混凝土压碎。

3.1.3 量测内容

3.1.3.1 混凝土应变

在梁一侧跨中位置处粘贴五个混凝土应变片,混凝土应变片的参数为 $R = 120\ \Omega$,用以量测梁侧面不同高度的混凝土应变;在梁另一侧跨中位置处则粘贴五排三列应变豆,用手持式应变仪来校核混凝土应变片量测结果;梁底部则在跨中和三分点位置布置混凝土应变片,以准确把握梁的开裂荷载,如图3.4~图3.6所示。

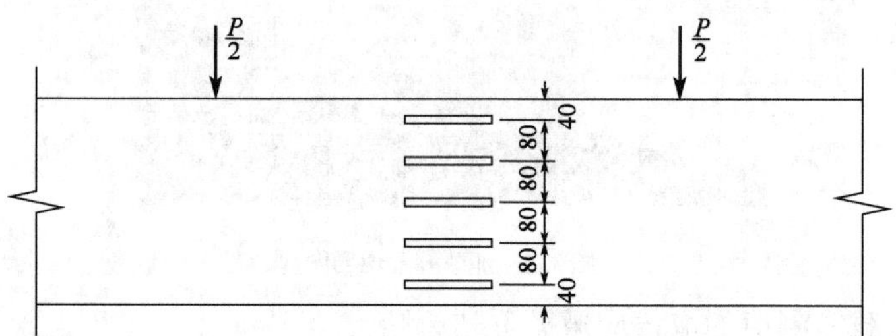

图3.4 混凝土应变片布置图

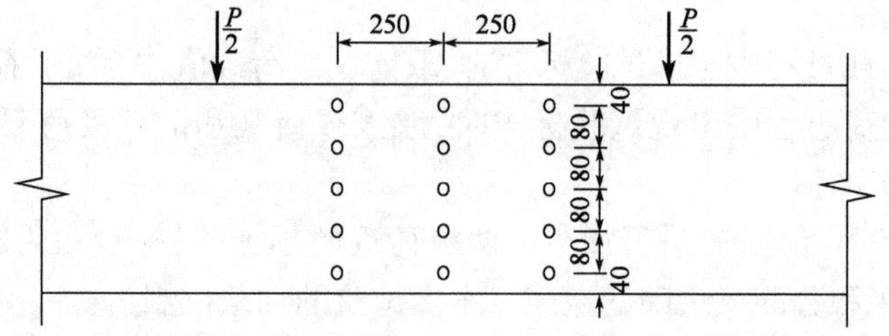

图3.5 应变豆布置图(尺寸单位:mm)

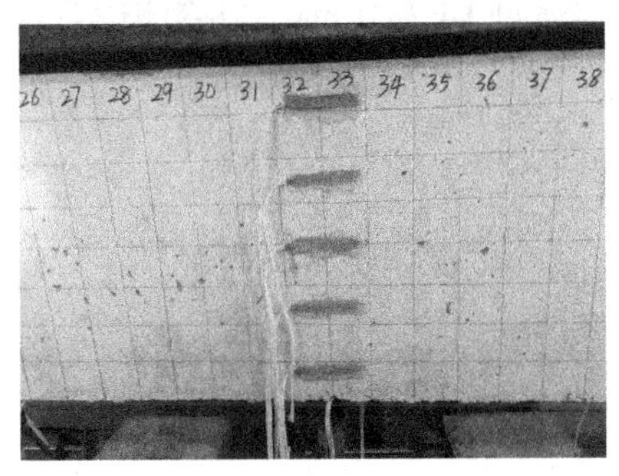

图 3.6 测点布置现场图

3.1.3.2 钢筋应变

在试验梁浇筑混凝土之前，在受力纵筋的跨中位置预先粘贴钢筋应变片，其参数如下：$R=120\Omega\pm0.1\Omega$，$B\times L=3\text{mm}\times5\text{mm}$，灵敏系数 $2.08\pm1\%$。试验梁钢筋应变片的粘贴位置见图 3.7。

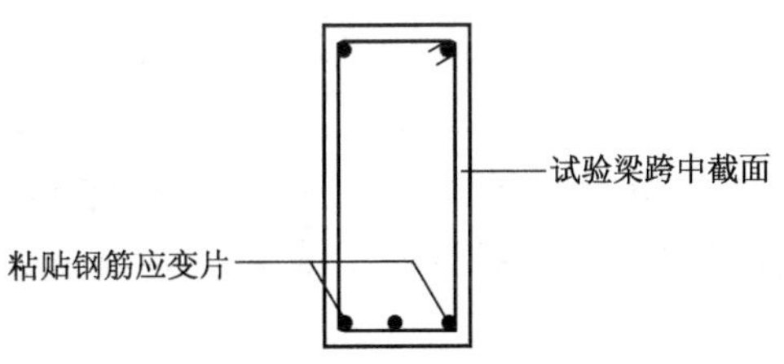

图 3.7 钢筋应变片位置图

3.1.3.3 挠度

对于受弯构件来说，其挠度测点应该布置在构件跨中或挠度最大部分截面的中轴线上，挠度测点沿梁轴向布置在三分点、跨中和支座处。在试验之前，应在预加载完成后，记录仪表的初始数据，之后在每级荷载下完成持荷后，测量构件的变形，挠度采用位移计量测，位置见图 3.2。

3.1.3.4 裂缝间距和裂缝宽度

试验前准备阶段，先用乳胶漆将试验梁正反两侧刷白，待晾干后，绘制 50mm×50mm 网格。试验时，借助放大镜、手电等工具查找裂缝。试验梁开裂之后立即对裂缝的发展状态进行详细观测和描绘，并且使用裂缝比对卡和读数显微镜对裂缝宽度进行测量，借助直尺量测裂缝的长度和裂缝间距，将试验梁上的裂缝开展情况，按比例缩小，手绘在坐标纸上。

混凝土应变片、钢筋应变片和位移计均通过 DH3816 静态应变测试系统来采集数据。

3.1.4 材性试验结果

根据规范进行钢筋拉伸试验,测得钢筋力学性能如表 3.2 所示。

钢筋力学性能指标 表 3.2

钢筋等级	钢筋直径(mm)	屈服强度(MPa)	极限强度(MPa)	伸长率(%)
HRB400	8	488.49	517.91	17.50
HRB400	14	480.51	643.85	29.52
HRB400	16	456.73	643.26	27.92
HRB400	18	468.59	628.14	27.04
600MPa	18	712.58	890.59	20.37
600MPa	20	655.62	817.35	19.50
600MPa	22	673.73	853.78	21.21
600MPa	25	653.78	831.80	19.23

浇筑试验梁时,不同混凝土预留 3 个 150mm × 150mm × 150mm 立方体混凝土试块,并与试验梁同条件养护。养护结束后,测得混凝土力学性能指标见表 3.3。

混凝土性能指标 表 3.3

混凝土强度等级	立方体抗压强度(MPa)	轴心抗压强度(MPa)	轴心抗拉强度(MPa)	弹性模量(GPa)
C40	43.8	29.3	2.50	33.4
C50	51.5	33.1	2.93	34.8

注:1. f_c 和 f_t 根据《混凝土结构设计规范》(GB 50010—2010)中条文说明 4.1.3 中公式计算而得。

2. E_c 根据规范《混凝土结构设计规范》(GB 50010—2010)中条文说明 4.1.5 中公式计算而得。

3.1.5 试件制作

所有试件的制作均在施工现场完成。钢筋下料后,首先在需要粘贴钢筋应变片的位置贴片,然后进行钢筋绑扎,保证钢筋数量、型号、位置的准确无误以及规范规定的连接锚固构造措施等。钢筋绑扎结束之后,测试粘贴在钢筋上的应变片电阻,确保其阻值在 120Ω 左右,然后对钢筋应变片接线线头进行防水处理，以免浇筑时水渗入到导线内部，导致应变片损坏，钢筋笼如图 3.8 所示，模板支护如图 3.9 所示。最后进行混凝土浇筑，采用人工振捣和振捣棒相结合的方式进行振捣使其密实。试件达到一定强度后拆模，进行人工浇水养护。

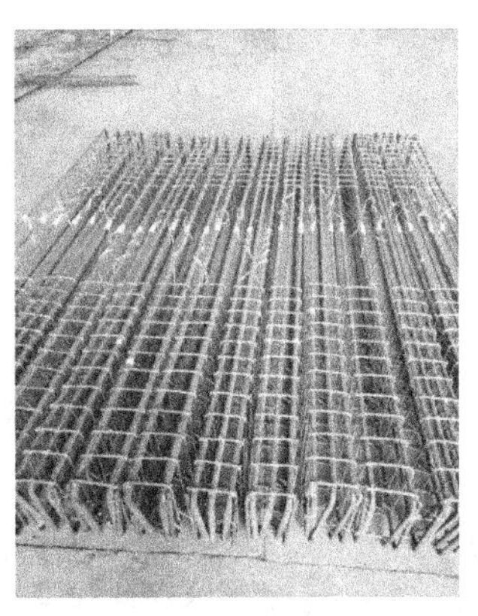

图 3.8　钢筋笼

图 3.9　试件支模

3.2　试验过程及现象

3.2.1.1　加载过程及变形特点

本次 600MPa 高强钢筋混凝土梁受弯试验与普通钢筋混凝土梁试验过程相似，大致可分为以下三个阶段：

(1)未裂阶段

开始加载至 $0.1P_u$ 时(P_u 为计算极限荷载，各试件 P_u 计算值见表 3.4)，截面未开裂，构件表现为弹性变形特征。从图 3.10 荷载—挠度曲线看，挠度增长近似为线性，且挠度很小。在这个阶段，钢筋应力较小，且与混凝土应变一样，应变增长很稳定。

各试验梁极限荷载计算值 P_u　　表 3.4

试件编号	P_u(kN)	试件编号	P_u(kN)
B1	226	B6	328
B2	323	B7	374
B3	358	B8	288
B4	367	B9	204
B5	425	B10	223

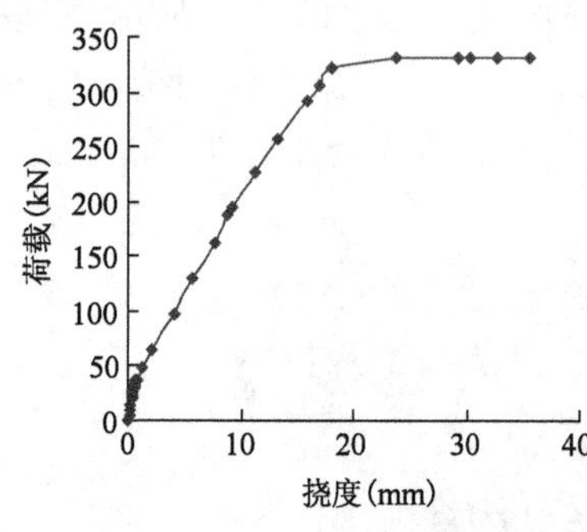

图 3.10　B2 荷载—挠度曲线

(2)带裂缝工作阶段

荷载由 $0.1P_u$ 加载至 $0.15P_u$ 的过程中，在试验梁纯弯段跨中截面附近，会出现一条或多条垂直裂缝，裂缝宽度很小，裂缝开展高度一般在 20mm 以上，裂缝照片如图 3.11 所示，无法用肉眼识别，需借助放大镜和手电筒。由图 3.10 可以看出，第一个转折点在荷载-挠度曲线上出现，钢筋应变也开始突增，且荷载-钢筋应变曲线上也出现转折点。由于受拉区混凝土开裂，使得开裂部位混凝土不再受拉，此时拉力由混凝土传至钢筋，由钢筋承担拉力，造成了钢筋应变的突变现象，在配筋率较低的试验梁中，这种现象更加显著。随着荷载的进一步增加，纯弯段裂缝逐渐增多，并向上发展，宽度逐渐增大，加载点两侧弯剪区出现斜裂缝。当荷载加载至 $0.4P_u \sim 0.5P_u$ 时，裂缝基本出齐。当荷载加载至 $0.6P_u$，即正常使用极限荷载时，钢筋未屈服，试验梁受力稳定。这一阶段，试件变形虽然表现为曲线特征，但裂缝宽度和挠度变化均很稳定，试件持荷也很稳定，可见，600MPa 高强钢筋混凝土受弯梁带裂缝工作阶段，受力性能稳定。

图 3.11　第一批裂缝照片

(3)破坏阶段

荷载加至 P_u 时，从钢筋应变可以看出钢筋屈服，进入弹塑性阶段，荷载-挠度曲线亦发生转折，构件临近破坏。继续增加荷载，梁挠度增加很快，跨中一条裂缝宽度迅速增加。进一步加载，挠度和裂缝宽度均继续增加，直至试验梁纯弯段最大裂缝宽度达到 1.5mm，试验梁达到破坏特征，规定此时试验梁破坏。试验结果表明,配置 600MPa 高强钢筋的混凝土梁在临近破坏时受拉钢筋均能屈服(从图 3.12 所示的钢筋应变可看出钢筋已屈服),但是上部混凝土没有出现压碎现象,属于少筋破坏,由此也可以看出,现行规范中适筋梁的配筋率范围不再适用于 600MPa 高强钢筋混凝土受弯梁。图 3.12 中的钢筋应变为跨中位置处两钢筋应变平均值。

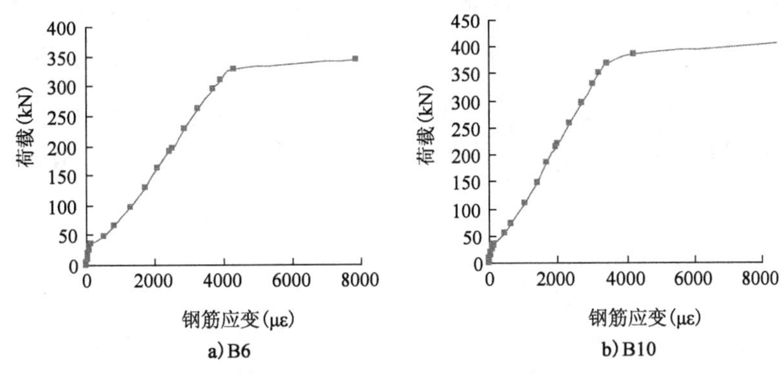

图 3.12 荷载-钢筋应变曲线

3.2.1.2 裂缝开展情况

构件刚开裂时,仅出现为数不多的几条裂缝,第一条裂缝在纯弯段侧面边缘处出现,位置是随机的,但主要集中在跨中截面附近。随着荷载的增加,裂缝条数逐步增加,但此时裂缝宽度发展并不很快,原先出现的侧面裂缝向梁受压边缘延伸,梁底面裂缝向底面轴心延伸,并迅速贯穿整个梁底面。当荷载增加到一定程度时,构件不再产生新的主裂缝,裂缝间距趋于稳定,继续加载后裂缝宽度发展很快,局部会出现次生裂缝,宽度较小。接近破坏时,一条主裂缝宽度迅速增加直至裂缝宽度达到 1.5mm。可见,600MPa 高强钢筋混凝土梁的裂缝发展过程与配普通钢筋的混凝土梁基本相同。正常使用极限荷载下,裂缝开展情况见图 3.13。

3.2.1.3 破坏特征

本次试验梁均无混凝土被压碎,属于少筋破坏特征。试件的破坏均始于受拉钢筋的屈服,在破坏前均有明显的延性阶段。试件在加载后期,荷载上升缓慢,挠度激增,裂缝明显变宽,给人以明显的破坏预兆,表现了延性破坏特征。构件从达到破坏标志到最后承载力的丧失表现了良好的受力特性:构件在达到明显破坏标志(最大裂缝宽度达到 1.5mm)以后,承载力仍能继续有所增加,表现出较好的受力性能和安全储备；裂缝宽度值较大，具有明显的破坏预兆；卸荷后，构件有明显的回弹，变形均有很大的恢复。试验梁破坏图见图 3.14。

a）B2反面裂缝开展图

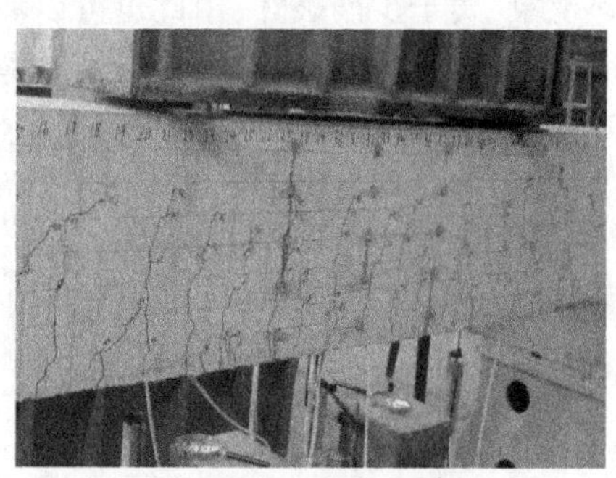

b）B9反面裂缝开展图

图 3.13　试验梁裂缝开展图

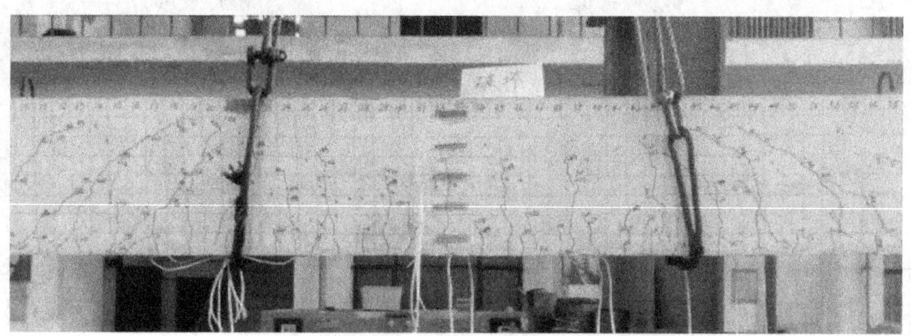

图 3.14　试验梁破坏图

3.3　受弯承载力分析

3.3.1　截面应变

本次试验采用跨中两侧位置粘贴应变片并结合应变豆用以测量试验梁在各级荷载下沿梁高方向混凝土的平均应变。试验过程中，一旦梁下部开裂，混凝土应变片可能会被拉断，后期则采用手持式应变仪测量的数据。平均应变沿截面高度分布情况如图 3.15 所示，图中的平均应变分布线从小到大依次对应荷载 $0.2P_u \sim 0.8P_u$。由图可看出，在试验梁跨中纯弯段范围内，配置 600MPa 高强钢筋混凝土梁跨中截面平均应变基本符合平截面假定。

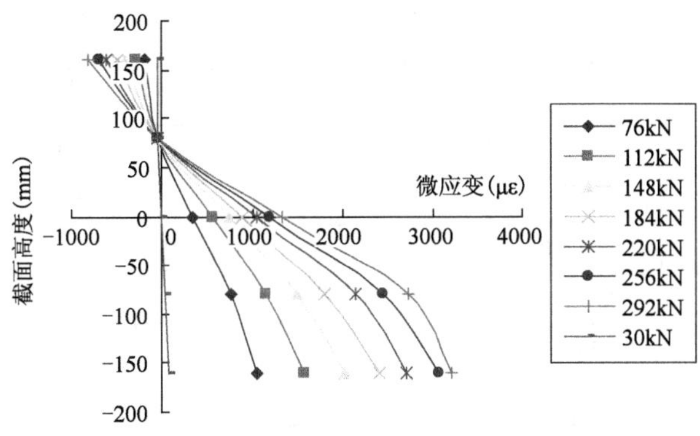

图 3.15 B3 截面高度-混凝土应变曲线

3.3.2 承载能力分析

试验数据表明,配置 600MPa 高强钢筋的混凝土梁截面基本符合平截面假定,且构件临近破坏时,受拉钢筋能够达到屈服。因此,可按《混凝土结构设计规范》(GB 50010—2010)单筋矩形截面公式及相应假定进行构件的承载力计算。

《混凝土结构设计规范》(GB 50010—2010)6.2.10 中计算公式如下:

$$M \leqslant M_u = \alpha_1 f_c bx\left(h_0 - \frac{x}{2}\right) \tag{3.1}$$

$$\alpha_1 f_c bx = f_y A_s \tag{3.2}$$

式中:M——弯矩设计值;

b——试验梁的截面宽度;

h_0——试验梁截面的有效高度;

α_1——系数,取 1.0;

x——等效矩形应力图形的混凝土受压区高度。

为计算构件的实际承载力,材料强度 f_c、f_y 均取实测值,具体取值见表 3.5。试验梁的受弯极限承载力的实测值及计算值见表 3.5。表中,M_u^0 为实测破坏弯矩,M_u^1 为按实测混凝土强度和钢筋屈服强度计算的破坏弯矩,M_u^2 为按照混凝土强度设计值和钢筋屈服强度设计值为 520MPa 计算的破坏弯矩。

受弯梁承载力分析　　表 3.5

试件编号	M_u^0(kN·m)	M_u^1(kN·m)	M_u^2(kN·m)	$\frac{M_u^0}{M_u^1}$	$\frac{M_u^0}{M_u^2}$
B1	120.57	120.43	86.91	1.00	1.39
B2	176.59	172.13	123.42	1.03	1.43
B3	203.80	191.02	145.92	1.07	1.40
B4	205.40	195.63	149.45	1.05	1.37
B5	238.47	226.92	168.00	1.05	1.42
B6	183.52	175.00	126.99	1.05	1.45
B7	219.27	199.63	155.36	1.10	1.41
B8	153.65	153.61	115.36	1.00	1.33
B9	103.50	108.75	84.24	0.95	1.23
B10	118.97	118.88	89.83	1.00	1.32
平均值				1.05	1.41
变异系数 δ				0.044	0.055

注:计算时不计梁自重以及加载设备自重。

综合表 3.5 中数据可见,按照混凝土和钢筋的实测强度值计算得到的受弯承载力,与试验测得破坏承载力较为接近,二者的比值的均值为 1.05,变异系数为 0.044,能较好地吻合。由此可见,配置 600MPa 高强钢筋混凝土梁正截面受弯承载力与普通钢筋混凝土梁的计算过程相同,仍然可以按照《混凝土结构设计规范》中规定的受弯承载能力公式来进行计算。

当混凝土强度取设计值、钢筋屈服强度取 520MPa 时,M_u^0/M_u^2 的均值为 1.41,变异系数为 0.055。可见,当钢筋屈服强度取 520MPa 时,采用《混凝土结构设计规范》(GB 50010—2010)公式计算本章试件的受弯承载力具有足够的安全储备。

3.3.3 正常使用极限状态的分析

根据《混凝土结构设计规范》(GB 50010—2010)的规定,正常使用极限状态下,钢筋混凝土构件应按荷载的准永久组合并考虑长期作用的影响。

现行的《建筑结构荷载规范》(GB 50009)中规定,荷载效应组合的设计值要从下列组合之中取最不利值确定:

(1)由可变荷载控制的效应设计值,应按下式进行计算:

$$S_d = 1.2\sum_{j=1}^{m}S_{G_jk} + 1.4S_{Q_1k} + \sum_{i=2}^{n}\gamma_{Q_i}\gamma_{L_i}\psi_{c_i}S_{Q_ik} \tag{3.3}$$

(2)由永久荷载效应组合控制的组合,应按下式进行计算:

$$S_d = 1.35\sum_{j=1}^{m}S_{G_jk} + \sum_{i=1}^{n}\gamma_{Q_i}\gamma_{L_i}\psi_{c_i}S_{Q_ik} \tag{3.4}$$

式中:S_{G_jk}——第 j 个永久荷载标准值 G_{jk} 计算的荷载效应值;

S_{Q_1k}——在基本组合中起控制作用的一个可变荷载标准值的效应值;

S_{Q_ik}——第 i 个可变荷载标准值的效应值;

γ_{Q_i}——第 i 个可变荷载的分项系数;

γ_{L_i}——考虑年限的调整系数,本次试验取 1.0;

ψ_{c_i}——第 i 个可变荷载的组合系数,一般情况下取 0.7。

为确定可变荷载和永久荷载二者之间的比重关系,令式(3.3)与式(3.4)相等,则有:

$$1.2\sum_{j=1}^{m}S_{G_jk} + 1.4S_{Q_1k} + \sum_{i=2}^{n}\gamma_{Q_i}\gamma_{L_i}\psi_{c_i}S_{Q_ik} = 1.35\sum_{j=1}^{m}S_{G_jk} + \sum_{i=1}^{n}\gamma_{Q_i}\gamma_{L_i}\psi_{c_i}S_{Q_ik} \tag{3.5}$$

简化后

$$0.15S_{G_ik} = 0.42S_{Q_ik} - 0.28\sum_{i=2}^{n}S_{Q_ik} \tag{3.6}$$

$$S_{G_ik}/S_{Q_1k} = 2.8 \tag{3.7}$$

根据以上结果,可以看出:当 $S_{G_ik}/S_{Q_1k} < 2.8$ 时,可变荷载起决定性作用;当 $S_{G_ik}/S_{Q_1k} > 2.8$ 时,则是恒荷载起到控制作用。

正常使用极限状态下,荷载效应的准永久组合为:

$$S_d = \sum_{j=1}^{m}S_{G_jk} + \sum_{i=1}^{n}\psi_{q_i}S_{Q_ik} \tag{3.8}$$

假设结构的安全等级设定为二级,且仅考虑一个可变荷载:

当 $S_{G_ik}/S_{Q_1\mathrm{k}} = 2$ 时,上式化为 $S_d = S_{Gk} + 0.5S_{Qk} = 2.5S_{Qk}$,与式(3.8)做比值,可得到综合分项系数 $\gamma = 1.52$;

当 $S_{G_ik}/S_{Q_1k} = 3$ 时,上式化为 $S_d = S_{Gk} + 0.5S_{Qk} = 3.5S_{Qk}$,与式(2.8)做比值,可得到综合分项系数 $\gamma = 1.44$。

按照最不利的情况考虑,取 $\gamma = 1.44$,即正常使用极限荷载应该是设计荷载效应的 1/1.44。在本试验中,利用实测的材料强度计算得到的受弯承载力为

M_u^1,将 M_u^1 除以结构重要性系数 $\gamma_0=1$、结构综合分项系数 $\gamma=1.44$ 和承载能力检验系数 $[\gamma_u]=1.2$[51],可得构件正常使用极限荷载 M_q。

$$M_q = \frac{M_u^1}{\gamma_0\gamma[\gamma_u]} \tag{3.9}$$

根据式(3.9)计算得到各试验梁的正常使用极限荷载,见表 3.6。

正常使用极限荷载　　表 3.6

试件编号	M_u^1(kN·m)	M_q(kN·m)	试件编号	M_u^1(kN·m)	M_q(kN·m)
B1	120.43	69.70	B6	175.00	101.27
B2	172.13	99.61	B7	199.63	115.52
B3	191.02	110.54	B8	153.61	88.89
B4	195.63	113.21	B9	108.75	62.94
B5	226.92	131.32	B10	118.88	68.79

3.4 挠度计算

试验梁跨中挠度按照《混凝土结构设计规范》(GB 50010—2010)规定进行计算,结果见表 3.7。考虑荷载长期作用对挠度增大的影响系数,取 $\theta=2$,试验梁长期刚度按照 $B=B_s/\theta$ 进行计算,由此得出试验梁在长期荷载作用下的挠度值。

试验梁挠度值　　表 3.7

试 验 梁	M_q (kN·m)	f_s^c (mm)	f_s (mm)	f_l (mm)	f_s/f_s^c
B1	69.7	6.40	6.36	12.72	0.99
B2	99.61	6.89	6.25	12.5	0.91
B3	113.21	6.50	6.54	13.08	1.01
B4	131.32	6.67	6.01	12.02	0.90
B5	69.94	6.18	5.24	10.48	0.85
B6	100.16	6.75	5.76	11.52	0.85
B7	115.52	6.61	5.68	11.36	0.89
B8	88.89	4.60	4.52	9.04	0.98
B9	62.94	4.07	3.62	7.24	0.89
B10	68.79	4.30	4.11	8.22	0.96

注:f_s^c 为跨中短期挠度计算值;f_s 为跨中短期挠度实测值;f_l 为跨中长期挠度推算值。

表 3.7 可以看出,试验梁跨中短期挠度计算值与实测值相差不大,f_s/f_s^c 的平均值为 0.923,变异系数为 0.063。因此,可以按照《混凝土结构设计规范》来进行挠度计算。《混凝土结构设计规范》中规定的构件挠度限值为 16mm,所有构件的长期挠度均小于规范限值,表明配置 HRB600 级钢筋混凝土梁的挠度满足规范中的挠度限值。

3.5 裂缝形态分析

试验梁正面、反面及底面的裂缝展开图如图 3.16 所示。

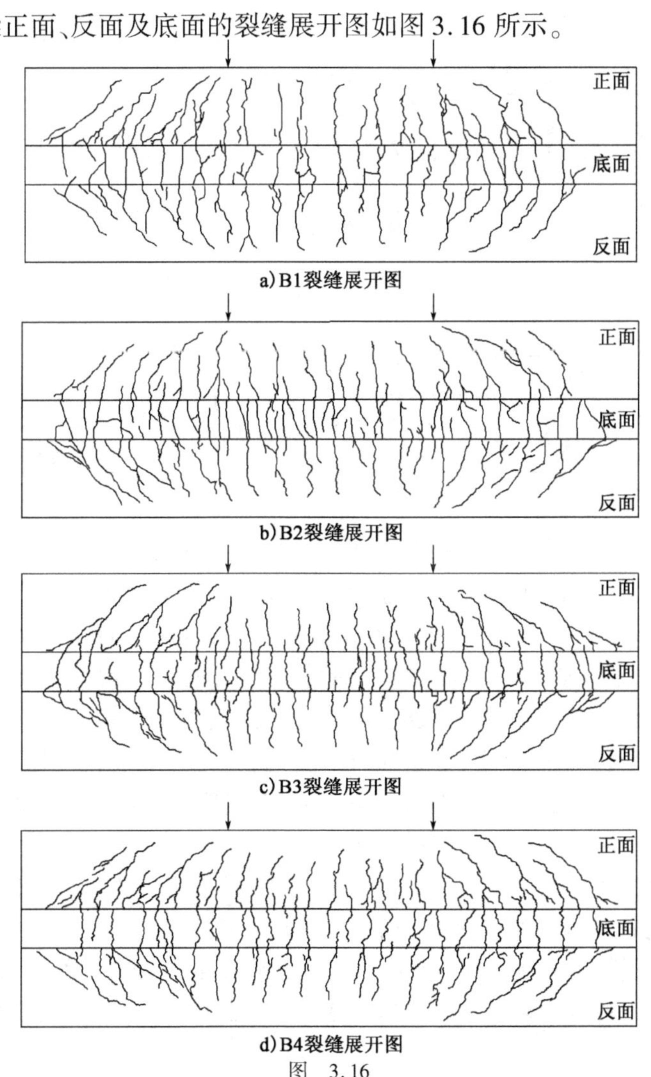

a) B1裂缝展开图

b) B2裂缝展开图

c) B3裂缝展开图

d) B4裂缝展开图

图 3.16

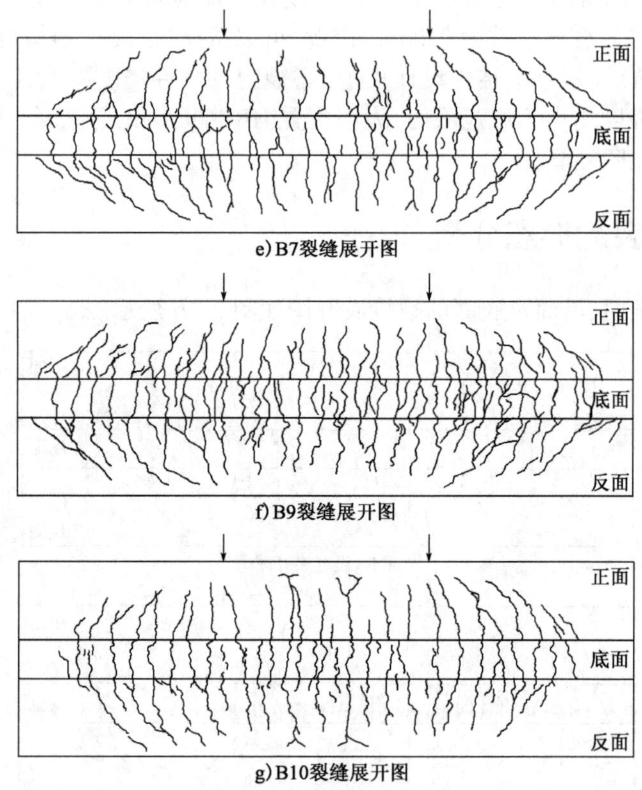

图 3.16 部分试验梁裂缝展开图

配置600MPa 高强钢筋的 B2 与 400MPa 钢筋的 B10 试验梁除钢筋强度不同外,其余参数全部相同。对比图 3.16b)和图 3.16g)可知,B2 与 B10 试验梁纯弯段的有效裂缝条数基本相同,600MPa 钢筋混凝土试验梁表面产生的次生裂缝比 400MPa 试验梁多,临近破坏荷载时,试验梁 B10 的部分受弯裂缝上端出现了分枝,即"枝状裂缝"。试验梁 B10 正面右侧斜裂缝延伸高度比左侧高,反面的左侧斜裂缝延伸高度比右侧高,左右两侧不对称,造成这种现象的原因可能是加载时,顶部千斤顶的位置没有在梁的正中心所致。

B4 与 B7 为一组对照试验,B4 为 C40 混凝土,B7 为 C50 混凝土。对比图 3.16d)与图 3.16e)可知,B4 试验梁受弯裂缝比 B7 稍多,B7 裂缝发展速度较快,裂缝数量较快达到稳定,从表 1.5 中裂缝宽度可知,B7 的裂缝宽度较小,说明相同条件下,C50 混凝土对裂缝宽度有一定的限制作用,对裂缝数量无明显影响。

B1 试验梁配置 2 根直径 18mm 钢筋,B2 试验梁配置 3 根 18mm 钢筋,B3 试验梁配置 3 根直径 20mm 钢筋,配筋率分别为 0.7%、1.05% 和 1.3%,由裂缝展开图可以看出,B2 裂缝数量明显多于 B1,B2 与 B3 裂缝数量相当,可以认为,配筋率对受弯裂缝数量影响不大,而受拉钢筋间距对裂缝数量影响显著。

3.6 裂缝计算

试验梁最大裂缝宽度根据《混凝土结构设计规定》(GB 50010—2010)规定进行计算,长期裂缝宽度由短期裂缝宽度实测值推算,其增大系数为 1.5,具体结果见表 1.5。按荷载准永久组合并考虑长期作用影响的最大裂缝宽度为:

$$\omega_{\max} = \alpha_{\mathrm{cr}}\psi \frac{\sigma_{\mathrm{s}}}{E_{\mathrm{s}}}\left(1.9c_{\mathrm{s}} + 0.08\frac{d_{\mathrm{ep}}}{\rho_{\mathrm{te}}}\right) \tag{3.10}$$

$$\psi = 1.1 - 0.65\frac{f_{\mathrm{tk}}}{\rho_{\mathrm{te}}\sigma_{\mathrm{s}}} \tag{3.11}$$

$$d_{\mathrm{eq}} = \frac{\sum n_i d_i^2}{\sum n_i v_i d_i} \tag{3.12}$$

$$\rho_{\mathrm{te}} = \frac{A_{\mathrm{s}} + A_{\mathrm{P}}}{A_{\mathrm{te}}} \tag{3.13}$$

式中:α_{cr}——构件受力特征系数,受弯钢筋混凝土构件取 1.9;

ψ——裂缝间纵向受拉钢筋应变不均匀系数,当 $\psi<0.2$ 时,取 0.2,当 $\psi>1$ 时,取 1.0;

c_{s}——最外层纵向受拉钢筋外边缘至受拉区底边的距离(mm):当 $c_{\mathrm{s}}<20$ 时,取 $c_{\mathrm{s}}=20$;当 $c_{\mathrm{s}}>65$ 时,取 $c_{\mathrm{s}}=65$;

ρ_{te}——按有效受拉混凝土截面面积计算的纵向受拉钢筋配筋率,在最大裂缝宽度计算中,当 $\rho_{\mathrm{te}}<0.01$ 时,取 $\rho_{\mathrm{te}}=0.01$;

A_{te}——有效受拉混凝土截面面积:对轴心受拉构件,取构件截面面积;对受弯、偏心受压和偏心受拉构件,取 $A_{\mathrm{te}} = 0.5bh + (b_{\mathrm{f}} - b)h_{\mathrm{f}}$,此处,$b_{\mathrm{f}}$、$h_{\mathrm{f}}$ 为受拉翼缘的宽度、高度;

v_i——受拉区纵向钢筋的相对黏结特性系数,光面钢筋取 0.7、带肋钢筋取 1.0。

从表3.8中可以看出,正常使用极限状态下的实测短期最大裂缝宽度介于0.135~0.292mm,按照实测短期最大裂缝宽度乘以扩大系数1.5推算的长期最大裂缝宽度在0.203~0.438mm。按规范公式计算出各试验梁的最大裂缝宽度在0.167~0.368mm。如表3.8所示,试验梁的裂缝宽度实测值小于计算值,比值 ω_1^c/ω_s 的均值为1.301,变异系数为0.185,计算值与实测值符合良好。因此可以按照规范公式对600MPa级钢筋混凝土受弯梁的最大裂缝宽度进行计算。

正常使用状态下裂缝宽度的计算 表3.8

试件编号	M_q(kN·m)	ω_1^0(mm)	ω_1^c(mm)	ω_s(mm)	ω_s^c(mm)	$\frac{\omega_1^c}{\omega_s}$
B1	69.7	0.069	0.368	0.292	0.438	1.260
B2	99.61	0.062	0.301	0.241	0.362	1.249
B3	113.21	0.062	0.262	0.165	0.248	1.588
B4	131.32	0.086	0.289	0.272	0.408	1.063
B5	69.94	0.110	0.252	0.189	0.284	1.333
B6	100.16	0.065	0.295	0.157	0.236	1.879
B7	115.52	0.055	0.287	0.268	0.402	1.071
B8	88.89	0.053	0.167	0.135	0.203	1.237
B9	62.94	0.078	0.181	0.162	0.243	1.117
B10	68.79	0.063	0.187	0.154	0.231	1.214

注:ω_1^0 为试验梁的短期平均裂缝宽度实测值;ω_1^c 为普通混凝土试验梁的短期最大裂缝宽度计算值;ω_s 为试验梁短期最大裂缝实测值;ω_s^c 为试验梁实测短期推算的长期裂缝宽度。

3.7 本章小结

本章进行了10根钢筋混凝土梁受弯性能试验,其中为7根600MPa高强钢筋普通混凝土梁、3根为400MPa钢筋普通混凝土梁。根据本次试验结果,比较分析国内外混凝土规范,对配置600MPa高强钢筋混凝土梁裂缝开展性能进行研究,得到以下结论:

(1)600MPa高强钢筋混凝土受弯梁的裂缝开展过程与普通钢筋混凝土受弯梁基本相同。600MPa高强钢筋混凝土受弯梁正截面承载能力可以按照现行规范的计算公式进行,钢筋屈服强度设计值取520MPa,满足承载力要求,且有足够的安全储备。

(2)600MPa级高强钢筋混凝土受弯梁在正常使用状态下的最大裂缝宽度

与实测裂缝宽度相比差距不大,因此可以按照现行规范公式进行 600MPa 级钢筋混凝土受弯梁的最大裂缝宽度进行计算。

(3)可以按照《混凝土结构设计规范》(GB 50010—2010)中的公式进行 600MPa 级钢筋混凝土受弯梁的挠度计算。

4 HRB600 高强钢筋混凝土柱抗震性能研究

4.1 引言

本章对 6 根配置 HRB600 纵筋和箍筋的钢筋混凝土柱以及 4 根依据钢筋等面积代换、等强度代换的方法分别配置 HRB500、HRB400 的对比试件进行低周反复试验,同时运用有限元软件 ABAQUS 对各试件进行数值模拟分析。主要研究内容有:

①对配置 HRB600 钢筋的混凝土柱进行低周反复加载试验,分析各试件的破坏过程和破坏形态;

②研究轴压比、配箍特征值、钢筋强度等对配置 HRB600 钢筋混凝土柱的承载能力、延性、滞回曲线、骨架曲线、刚度退化等抗震性能的影响;

③分析纵筋及箍筋的应变变化规律,探究 HRB600 钢筋能否发挥其强度优势;

④运用有限元软件建立有限元模型,对 HRB600 钢筋混凝土柱进行数值模拟。验证模拟结果的准确性,并研究混凝土强度等因素对试件抗震性能的影响。

4.2 HRB600 高强钢筋混凝土柱抗震性能研究

4.2.1 试验研究

4.2.1.1 试件设计

依据实验室试验器材的条件以及《建筑抗震设计规范》(GB 50011—2010)、《混凝土结构设计规范》(GB 50010—2010)中的规定,设计制作 10 个 1/2 缩尺的钢筋混凝土矩形柱试件。柱高 $H = 1200\text{mm}$,截面尺寸为 $300\text{mm} \times 300\text{mm}$,混凝土的设计强度等级为 C50。试件详细设计参数见表 4.1,试件尺寸及配筋见图 4.1。

试件设计参数　　　　表 4.1

试件	纵筋		箍筋		轴力 (kN)	轴压比
	配置	配筋率	配置	配箍特征值		
C-F1	8E16	1.79%	E8@90	0.185	300	0.105
C-F2	8E16	1.79%	E8@90	0.185	500	0.176
C-F3	8E16	1.79%	E8@90	0.185	700	0.246
C-G1	8E16	1.79%	E8@60	0.277	500	0.176
C-G2	8E16	1.79%	E8@120	0.139	500	0.176
C-M1	816	1.79%	Φ̄8@90	0.146	500	0.176
C-M2	816	1.79%	Φ̄8@90	0.139	500	0.176
C-Q1	420+418	2.53%	Φ̄8@60	0.219	500	0.176
C-Q2	220+616	2.02%	Φ̄8@75	0.167	500	0.176
C-ZJ	8E20	2.79%	E8@90	0.185	500	0.176

注：Φ、Φ̄、E 分别表示 HRB400、HRB500、HRB600 钢筋的强度等级。

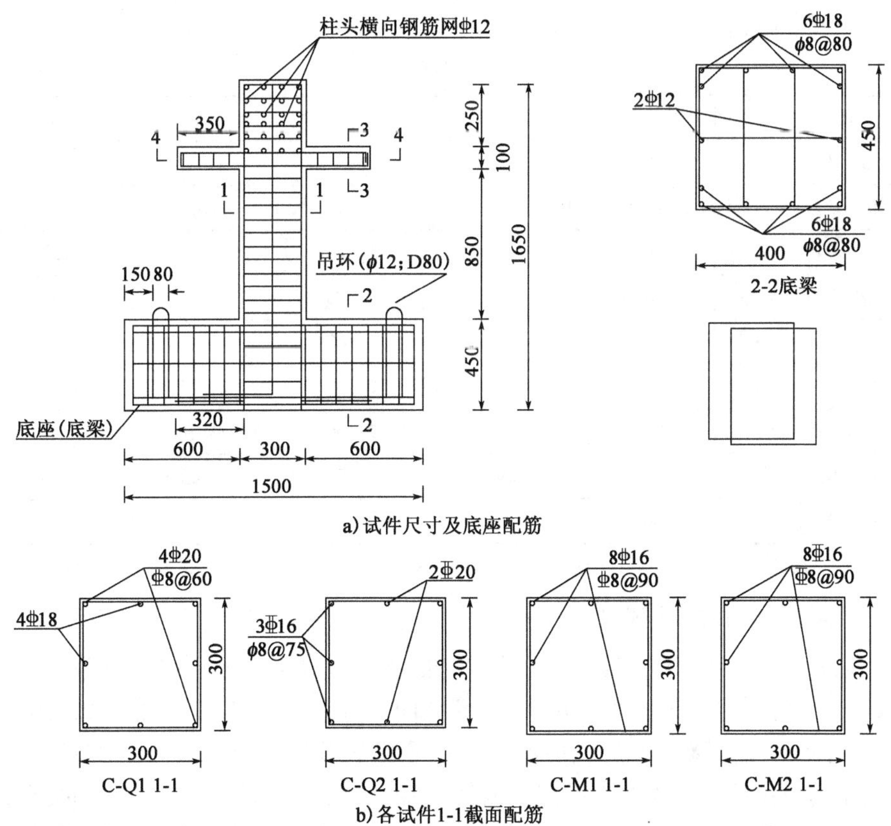

图 4.1　试件配筋及底座配筋图（尺寸单位：mm）

4.2.1.2 试件材料性能

混凝土浇筑时,同批次浇筑的混凝土预留 3 块 150mm × 150mm × 150mm 的标准立方体试块,与试件在同等条件下养护 28 天,试验前根据《普通混凝土力学性能试验方法标准》(GB/T 50081—2016)和《混凝土结构试验方法标准》(GB/T 50152—2012)的规定得到其力学性能指标,如表 4.2 所示。

混凝土力学性能 表 4.2

混凝土强度等级	f_{cu}(MPa)	f_c(MPa)	f_t(MPa)	E_c(GPa)
C50	51.5	33.1	2.93	34.8

注:f_{cu}为混凝土标准立方体抗压强度;f_c 为混凝土轴心抗压强度;f_t 为混凝土轴心抗拉强度;E_c 为混凝土弹性模量。

钢筋在下料前,对不同型号和同一型号不同直径的钢筋分别截取 3 根长 450mm 的试样,按照《金属材料拉伸试验室温试验方法标准》(GB/T 228—2010)中的规定,对各钢筋试样进行拉伸试验,试验结果见表 4.3。

钢筋力学性能 表 4.3

钢筋规格	f_y(MPa)	f_u(MPa)	A(%)	A_{gt}(%)	强屈比
HRB600(8mm)	634.5	812.5	24.83	9.49	1.28
HRB600(16mm)	661.1	838.9	20.42	10.47	1.27
HRB600(20mm)	678.1	845.17	19.67	9.01	1.25
HRB500(8mm)	510.0	670.9	24.33	10.27	1.32
HRB500(16mm)	518.1	687.5	25.42	11.85	1.33
HRB500(20mm)	537.5	693.3	24.67	11.37	1.29
HRB400(8mm)	426.5	582.1	24.50	14.51	1.36
HRB400(18mm)	448.2	600.8	26.04	15.43	1.34
HRB400(20mm)	448.7	589.1	26.33	15.25	1.31

注:f_y 为钢筋屈服强度;f_u 为钢筋极限强度;A 为断后伸长率,标距为 $5d$;A_{gt}为最大力下总延伸率。

4.2.1.3 试验装置及加载制度

试验试件采用立式加载,试件的刚性柱墩通过高强螺栓连接在试验平台的卡槽内。竖向恒定轴力使用 1000kN 级竖向千斤顶施加在柱截面的几何形心处,千斤顶上端连接竖向荷载传感器。水平荷载通过反力墙,将与 500kN 级水平液压伺服作动器相连的夹梁连杆系统施加在柱头的几何中心处。同时,在试验中使用荷载传感器和位移计分别测量试件的水平力和柱顶水平位移,并利用电阻应变片测量箍筋、纵筋的应变,应变片均布置于柱根部塑性铰区域范围内。试验加载装置见图 4.2。

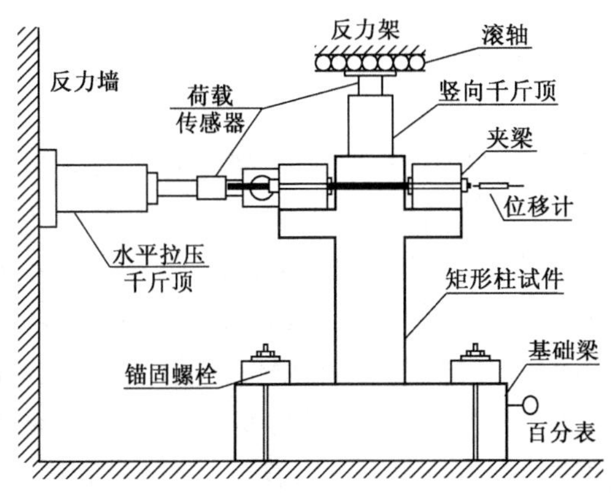

图 4.2　加载装置

试验采用荷载—位移混合控制加载。首先,试验前应先进行预加载,使试件与试验装置接触密实,检查仪器设备的工作状态,观察柱脚的纵筋应变,再次进行试件的对中;然后,竖向恒载先加 40% ~60% ,再逐步加至 100% ;在水平荷载达到屈服荷载试验值前,采用荷载控制加载,前期以 30kN 一级缓慢加载,寻找试件开裂状态,分 3 ~5 级加载至屈服,每级荷载均按正向加载、正向卸载、反向加载、反向卸载方式循环一次;观察纵筋应变,当水平荷载增大至纵筋达到屈服应变时,记录下屈服荷载和屈服位移,转位移控制加载,按屈服位移试验值的整数倍为一级,每级循环三次,观察荷载值下降到极限荷载的 85% 时,认为试件达到破坏,停止试验。试验加载程序如图 4.3 所示。

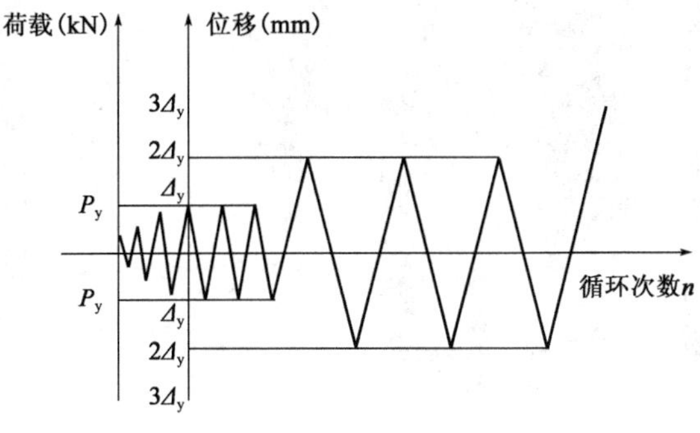

图 4.3　加载程序

4.2.2 试验结果分析

4.2.2.1 试验现象

为清晰简洁地描述试验现象，对试件的各个观测面进行编号，如图 4.4 所示。

图4.4 加载面编号

各试件裂缝出现的次序与位置、裂缝发展趋势和破坏过程均表现出一定的相似性，破坏形态均为弯曲破坏。加载初期，在试件受拉区距柱底 50 ~ 100mm 处首先产生细微水平受弯裂缝；随荷载增加，受弯裂缝由柱根部向上逐渐增多并在受拉区贯通，不断延伸至非加载面；加载达到屈服位移前后，非加载面的裂缝开始斜向下延伸，逐渐形成弯剪斜裂缝，由于钢筋屈服，这一阶段是裂缝产生和开展的高峰期，最大裂缝宽度达到 0.2mm；由 Δ_y 加载至 $3\Delta_y$ 的过程中，非加载面的裂缝开始分叉、交叉，柱底混凝土受压起皮，柱脚开始被压裂；随后，纵筋位置对应的构件表面还会发生沿纵筋方向的竖向裂缝，沿纵筋逐渐向上延伸，预示着构件的黏结退化，在距柱底 300mm 的范围内，混凝土逐渐被压碎，混凝土保护层剥落，钢筋外露，试件达到破坏。各试件破坏均发生在距柱底 300mm 范围内的塑性铰区，在破坏之前各试件表现出较好的延性，塑性变形充分发展。各试件的破坏状态见图 4.5。

对比试件 C-F1、C-F2、C-F3，轴压比增加，试件开裂和塑性铰产生得较晚，破坏位移较小，裂缝开展缓慢，混凝土破坏更加严重。表明较大的轴压力能够增强集料的咬合作用，使裂缝推迟产生，但试件变形能力下降。

a) C-F1

b) C-F2

c) C-F3

d) C-G1

图 4.5

e) C-G1　f) C-M1　g) C-M2

h) C-Q1　i) C-Q2　j) C-ZJ

图 4.5 各试件破坏状态

对比试件 C-G2、C-F2、C-G1，配箍特征值增加，非加载面的斜裂缝出现较晚，数量减少，开展较慢，其中试件 C-G2 配箍特征值最小，破坏时柱底混凝土压溃严重，纵筋外露。表明高强箍筋可以增加对纵筋的侧向约束。

对比试件 C-F2、C-M1、C-M2、C-Q1、C-Q2，在钢筋等面积代换中，随着钢筋强度增加，试件达到屈服的荷载和位移增加，裂缝宽度增大且数量增多，混凝土压碎更加严重，但破坏位移稍有减小，表明 HRB600 钢筋和 C50 混凝土较为匹配。钢筋等强度代换使钢筋的直径减小，增加了纵筋屈曲的风险，但试验中并未发生纵筋屈曲，这是因为高强箍筋的约束增加了纵筋抵抗屈曲的能力。

对比试件 C-F2、C-ZJ，增加纵筋配筋率，破坏时钢筋与混凝土之间出现黏结裂缝较早，混凝土压溃严重。

4.2.2.2 钢筋应变分析

加载过程中，柱底弯矩最大，选取加载方向棱角处柱底的纵筋应变片作为分析考察对象。各试件纵筋应变随水平位移的变化如图 4.6 和表 4.4 所示，其中纵筋应变图仅给出加载至峰值荷载前的结果。

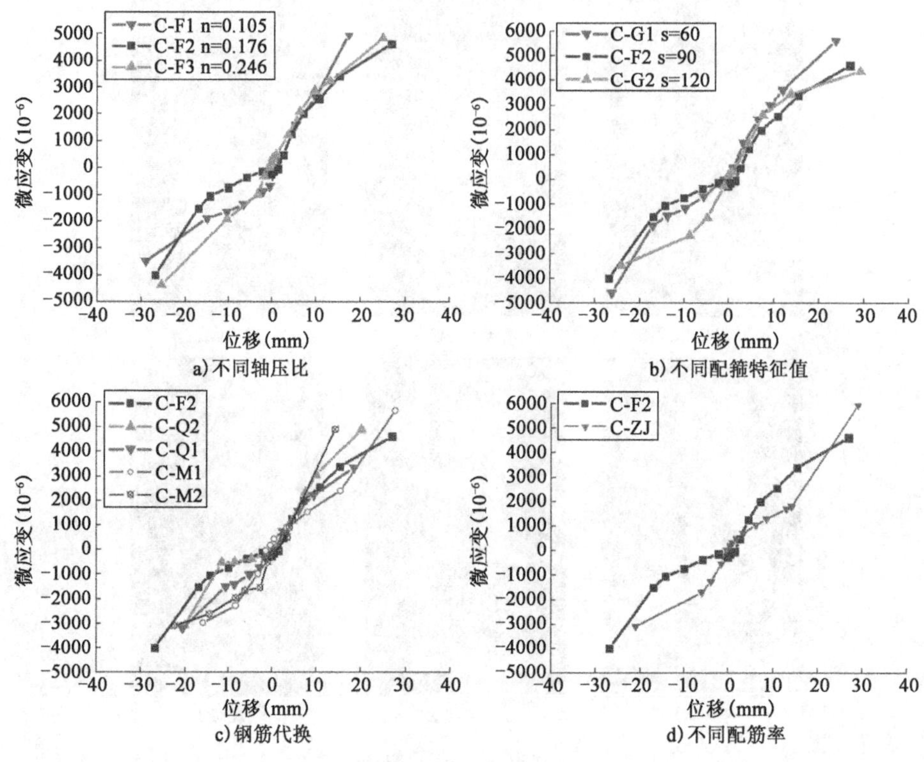

图4.6　各工况纵筋应变—位移曲线

钢 筋 应 变 表　　表4.4

状态		C-F1	C-F2	C-F3	C-G1	C-G2	C-M1	C-M2	C-Q1	C-Q2	C-ZJ
屈服	拉应变	3468	3405	3505	3590	3343	2221	2729	2354	2772	3203
	压应变	-1902	-1689	-1841	-1976	-1501	-1414	-1847	-1971	-1243	-1842
极限	拉应变	4969	4615	4817	5624	4488	5667	4902	3345	4884	5949
	压应变	-3495	-4002	-4375	-4225	-3500	-2980	-3099	-3213	-3097	-3113

由图4.6和表4.4可知,HRB600钢筋的工作状况同HRB500和HRB400类似,在屈服状态下,纵筋受拉均达到屈服,受压应变仅为实测屈服应变的50%~60%;加载至极限状态时,HRB600纵筋受压应变均超过屈服应变-3306με,即纵筋可以达到受压屈服。表明HRB600钢筋可以充分发挥其抗拉和抗压强度优势。

箍筋的主要作用是约束混凝土和纵筋,抵抗柱根部的剪力。选取与加载方向平行且位于交叉斜裂缝附近的箍筋应变片进行分析。各试件箍筋应变随水平位移的变化如图 4.7 所示,其中箍筋应变图给出加载至破坏荷载的结果。

a)不同轴压比　b)不同配箍特征值　c)钢筋代换　d)不同配筋率

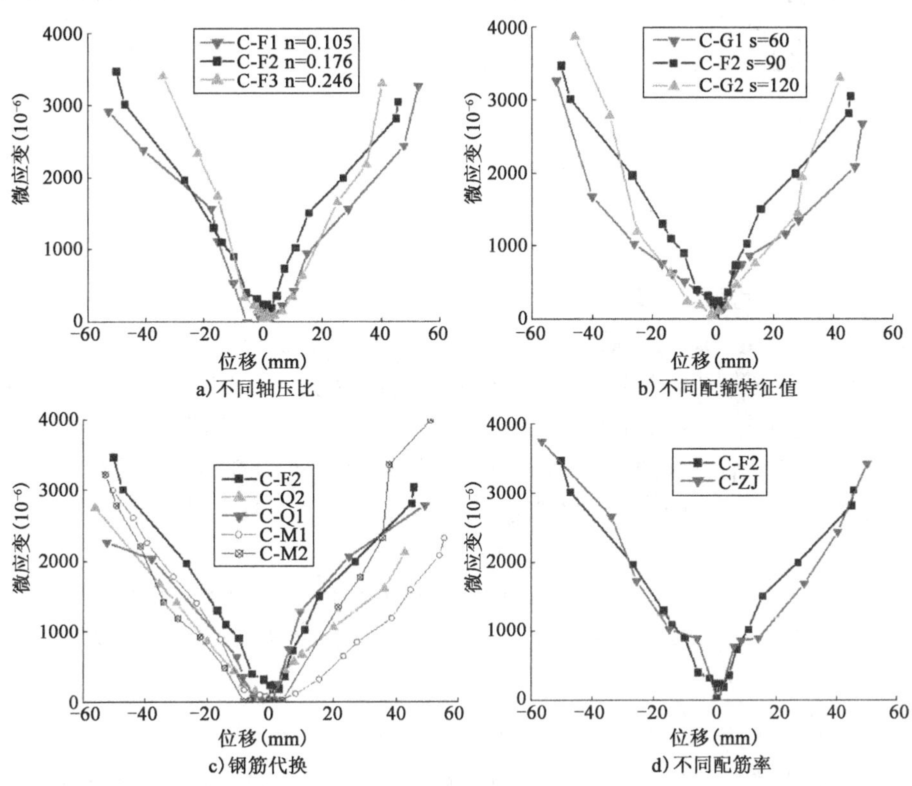

图 4.7　各工况箍筋应变—位移曲线

由箍筋应变图可知,HRB600 钢筋作为箍筋,在试件达到极限状态时,箍筋大多未达到屈服应变,但是在加载的后半段,箍筋的应变继续发展,且在试件破坏时大部分箍筋能够达到屈服强度,说明 HRB600 钢筋在用作约束的箍筋时,能够发挥其强度。

4.2.2.3　滞回曲线

滞回曲线是一项重要的抗震性能指标,也是骨架曲线、延性、刚度退化、耗能能力等指标的基础。一般情况下,滞回曲线可分为三种类型:梭形滞回环、弓形滞回环、反 S 形滞回环,各种形状也反映了不同的破坏机制。各类型的大致形状见图 4.8。

图 4.8a):梭形滞回环,滞回环饱满,所围面积较大,同一位移处的循环曲线较为接近,强度和刚度退化较小。多发生在偏心受压构件或不发生剪切破坏的受弯构件。

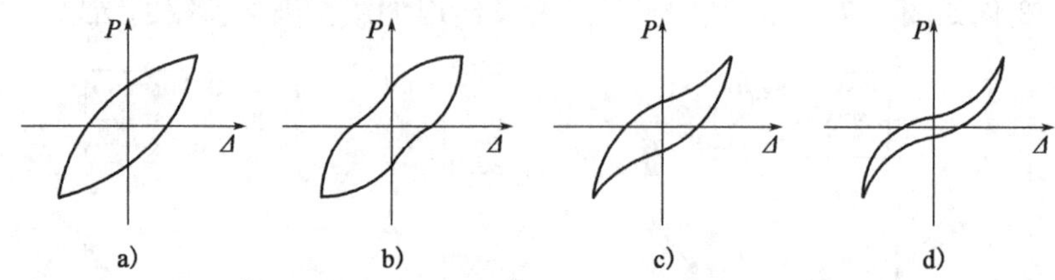

图 4.8　滞回环形状

图 4.8b)：弓形滞回环，此种曲线的特点是中间捏拢。捏拢现象是由于构件的剪切变形产生的斜裂纹张合所致，在反向加载时，只需较小的力即可使斜裂纹闭合，但在此过程中却产生了较大的位移，这段曲线也被称为"滑移段"。一般发生在跨度较大、剪力较小并且配有一定箍筋的弯剪和偏压构件中。

图 4.8c)：当钢筋混凝土结构中剪应力较大，发生剪切破坏时易出现。与弓形滞回环相比，此种曲线的滑移段更长，反映了更多的滑移影响，同时曲线所围面积减小。一般发生在框架梁柱节点和剪力墙中。

图 4.8d)：在图 4.8c)所示情况加剧时，如梁柱节点发生滑移或锚固破坏后，斜裂缝可充分发展，卸载时构件端部会发生更大的滑移或转角，滞回环呈现出 Z 形。

试验得到的各试件的滞回曲线如图 4.9 所示。

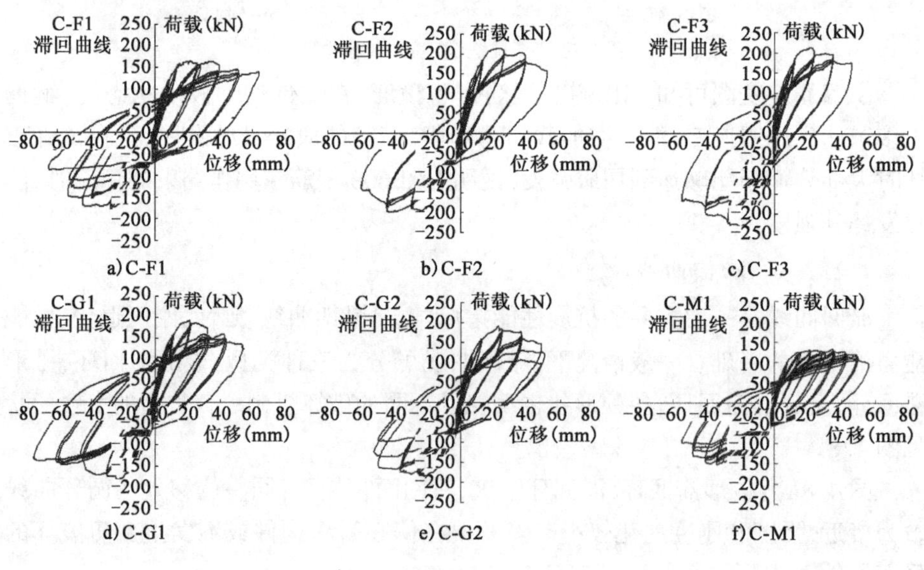

图　4.9

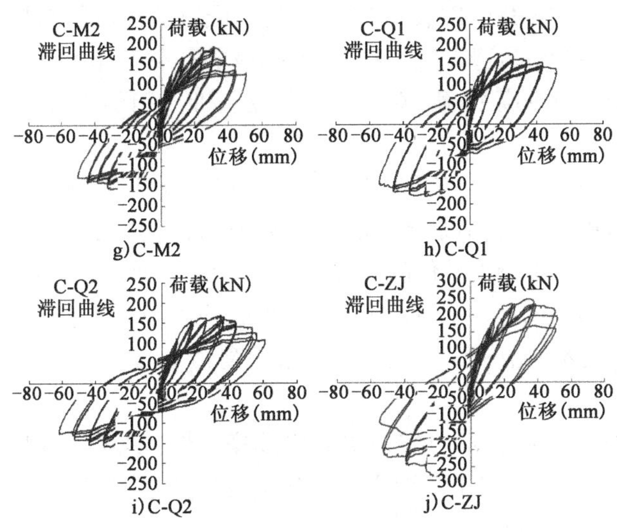

图 4.9 各试件荷载-位移滞回曲线

通过对图 4.9 中各试件滞回曲线进行分析,总结出滞回曲线有如下主要特点:

(1)各试件的滞回曲线呈饱满对称的梭形。加载初期,曲线斜率较大,荷载与位移近似呈线性关系,位移较小,滞回环面积较小;在荷载控制加载阶段,由于试件还未达到屈服状态,所以后一循环的最大荷载和位移总是大于前一循环,试件刚度退化不明显,残余变形和耗能较小。

(2)随着荷载逐级增加,试件达到屈服后,进入位移控制加载阶段,此时滞回曲线表现出显著的非线性,试件的刚度退化现象逐渐明显。随着位移的增大,变形不断增加且速度也随之加快,所形成的滞回环也愈加丰满,试件表现出的耗能能力不断增强,承载力仍有部分提高。峰值荷载后,随位移的增加,滞回曲线斜率逐渐减小,承载力缓慢下降。

(3)位移控制加载阶段,同一位移加载时,三次循环加载所达到的荷载最大值依次减小,滞回环面积逐渐减小,加卸载曲线斜率依次降低,反映出试件强度、刚度和耗能能力的退化。

将各试件的滞回曲线进行比较,可以得出以下结论:

(1)对比试件 C-F1、C-F2、C-F3 可知,随着轴压比增加,滞回环形状更加饱满,表明单次循环的耗能能力有所增加,但循环次数减少,每次加载的残余位移减小,表明试件的延性降低。

(2)对比试件 C-G1、C-F2、C-G2 可知,随着配箍特征值的增加,滞回环形状更加饱满,位移控制阶段,峰值荷载后试件每级的荷载下降缓慢,表明增加配箍特征值,可以充分发挥高强箍筋对核心区混凝土和纵筋的约束作用,提高试件的抗震性能。

(3)对比试件 C-M1、C-M2、C-F2 可知,钢筋等面积代换,随着钢筋强度的提高,滞回环形状更加饱满,但是循环次数减少,试件的初始刚度增加,刚度退化减少,表明高强钢筋可以增加试件的承载力,但是会相应地降低延性。

(4)对比试件 C-Q1、C-Q2、C-F2 可知,钢筋等强度代换,随着钢筋强度的提高,滞回环形状变窄,循环次数减小,表明采用高强钢筋等强度代换会相对降低试件的耗能能力。

(5)对比试件 C-F2、C-ZJ 可知,提高纵筋率,试件的承载力明显提高,但是位移控制阶段,荷载下降更快,极限位移减小,延性变差。

4.2.2.4 骨架曲线

骨架曲线是滞回曲线的各级第一循环的峰值点连接起来的包络线。骨架曲线的峰值点可体现出试件的极限承载能力,下降段的陡峭程度可大致反映出试件的变形能力和破坏的速度。根据滞回曲线得到的各试件骨架曲线如图 4.10 所示。

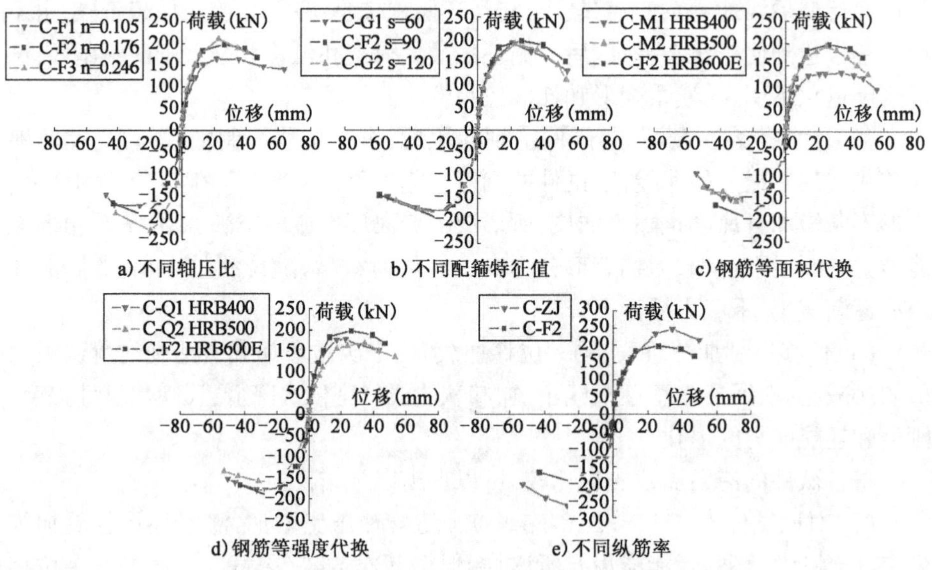

图 4.10 各试件骨架曲线

各试件骨架曲线总体较为对称,曲线中的初始加载阶段属于弹性阶段,斜率最大,体现出试件的刚度在初始加载时最大。随着荷载的增加,试件出现开裂,进入弹塑性工作阶段,斜率开始减小。当荷载继续增加时,试件逐渐达到屈服,斜率更为平缓,直至试件达到极限承载状态。之后试件的承载能力开始下降,曲线也出现下降段,斜率绝对值的大小反映出在下降段刚度退化的速率。

通过对以上各试件的骨架曲线进行比较,可以得出以下结论:

(1)随着轴压比增加,由于竖向约束的作用,曲线初始斜率增大,试件的峰值荷载增大,曲线下降段陡峭,极限位移减小,表明轴压比增大可以提高试件的承载力,降低试件的延性。

(2)随着配箍特征值增加,在弹性阶段曲线上升段基本重合,各试件的峰值荷载相差不大,曲线的下降段更加平缓,极限位移增大,表明增加体积配箍率,对试件的承载力影响不大,但是可以充分发挥高强箍筋对核心区混凝土和纵筋的约束作用,提高试件的抗震性能。

(3)钢筋等面积代换,随着钢筋强度提高,试件的峰值荷载增大,曲线上升和下降段均更加陡峭,表明提高钢筋强度可以增加试件的承载力,试件的初始刚度增加,但是会相应地降低延性。

(4)钢筋等强度代换,随着钢筋强度提高,各试件的承载力相差不大,曲线上升和下降段均更加陡峭,极限位移减少,表明采用高强钢筋等强度代换会相对降低试件的延性。

(5)随着纵筋率增加,试件的承载力明显提高,曲线上升和下降段更加陡峭,但极限位移相对减小,延性变差。

4.2.2.5 承载力、位移及延性

在抗震性能的各指标中,承载能力是十分重要的一项。它主要通过开裂荷载、屈服荷载、极限荷载、破坏荷载这四项值来体现,分别代表了试件自开始加载到破坏全过程中的各个特征点。开裂荷载和极限荷载均可通过计算机和数据采集箱采集到,破坏荷载并不能直接采集到,但可按照极限荷载的85%计算得到。屈服荷载是试件力控制阶段与位移控制阶段的切换点,试验加载过程中,随着荷载的逐级增加,受拉纵筋的应变值到达屈服应变时,定义试件屈服,此后采用位移控制加载。而在理论研究中,屈服荷载的确定较为复杂,屈服点的确定很大程度上影响了试件位移延性系数的计算值。目前,确定屈服点的方法主要有等值能量法、几何作图法,分别如图4.11、图4.12所示,由于在通用屈服弯矩法中过原点作曲线的切线较困难,不能保证精确度,故采用等值能量法。

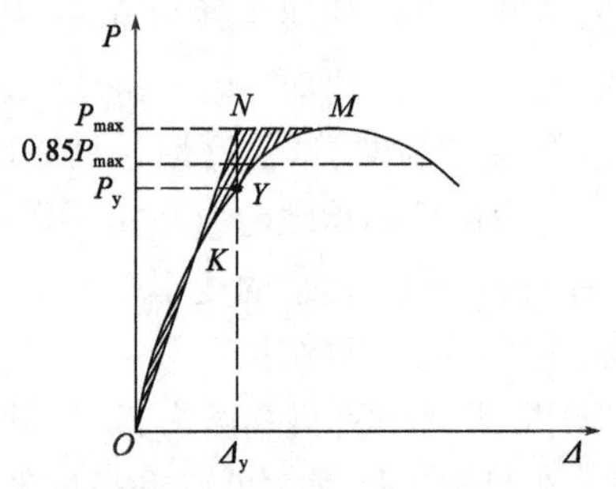

图 4.11 等值能量法

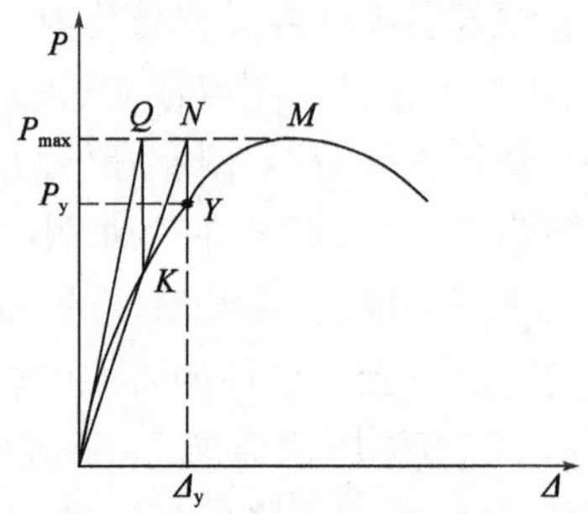

图 4.12 几何作图法

各试件的延性性能采用位移延性系数、位移角来衡量。在抗震分析中,定义延性为结构在达到其弹性极限之后仍能在更大变形下保持承载力的性能,一般用位移延性系数来表示,如式(4.1)所示。

$$\mu = \frac{\Delta_u}{\Delta_y} \tag{4.1}$$

式中:μ——位移延性系数;

Δ_u——破坏位移,试件承载力下降到极限荷载 85% 时的柱顶位移;

Δ_y——屈服位移,试件屈服点所对应的柱顶位移。

各试件的开裂状态、屈服状态、峰值状态和破坏状态所对应的荷载、位移及位移延性系数如表 4.5 所示。

承载力、位移及延性系数 表 4.5

编号	加载方向	开裂		屈服状态		峰值状态		破坏状态		位移延性系数
		荷载(kN)	位移(mm)	荷载(kN)	位移(mm)	荷载(kN)	位移(mm)	荷载(kN)	位移(mm)	
C-F1	正向	23.57	0.80	136.38	11.06	164.64	21.55	139.94	63.86	5.77
	负向	-24.64	-0.40	-146.82	-13.60	-173.57	-26.08	-147.53	-47.51	3.49
	平均	24.11	0.60	141.60	12.33	169.11	23.82	143.74	55.69	4.52
C-F2	正向	30.00	1.00	152.78	11.28	197.86	26.13	168.18	46.77	4.15
	负向	-30.00	-0.54	-168.11	-12.56	-196.07	-23.26	-166.66	-42.97	3.42
	平均	30.00	0.77	160.45	11.92	196.97	24.70	167.42	44.87	3.76
C-F3	正向	49.29	1.16	176.88	12.01	210.71	22.84	179.11	40.83	3.40
	负向	-59.64	-1.15	-183.85	-9.95	-230.91	-19.47	-196.27	-37.94	3.81
	平均	54.47	1.16	180.37	10.98	220.81	21.16	187.69	39.39	3.59

续上表

编号	加载方向	开裂		屈服状态		峰值状态		破坏状态		位移延性系数
		荷载(kN)	位移(mm)	荷载(kN)	位移(mm)	荷载(kN)	位移(mm)	荷载(kN)	位移(mm)	
C-G1	正向	45.00	1.13	159.37	11.13	192.86	20.84	163.93	48.66	4.37
	负向	-53.93	-1.58	-148.04	-13.06	-180.71	-21.93	-153.60	-49.66	3.80
	平均	49.47	1.36	153.71	12.10	186.79	21.39	158.77	49.16	4.06
C-G2	正向	52.50	1.38	159.10	12.46	191.07	22.38	162.41	41.45	3.33
	负向	-46.07	-0.99	-155.37	-12.44	-184.29	-22.13	-156.64	-48.73	3.92
	平均	49.29	1.19	157.24	12.45	187.68	22.26	159.53	45.09	3.62
C-M1	正向	30.00	0.92	112.30	10.24	132.50	33.99	112.63	49.84	4.87
	负向	-30.00	-0.98	-128.83	-11.75	-152.86	-33.80	-129.93	-46.11	3.92
	平均	30.00	0.95	120.57	11.00	142.68	33.90	121.28	47.98	4.40
C-M2	正向	49.64	1.01	161.04	11.20	193.57	24.77	164.53	38.40	3.43
	负向	-30.71	-0.98	-134.22	-11.61	-157.50	-30.28	-133.88	-46.30	3.99
	平均	40.18	1.00	147.63	11.41	175.54	27.53	149.21	42.35	3.71
C-Q1	正向	45.00	0.98	145.00	9.39	177.50	23.00	150.88	43.57	4.64
	负向	-33.57	-0.97	-144.72	-11.39	-179.64	-26.74	-152.69	-50.41	4.43
	平均	39.29	0.98	144.86	10.39	178.57	24.87	151.79	46.99	4.53
C-Q2	正向	41.07	1.57	143.73	15.32	168.57	34.65	143.28	47.63	3.11
	负向	-26.78	-1.13	-133.15	-14.11	-157.86	-31.21	-134.18	-52.72	3.74
	平均	33.93	1.35	138.44	14.72	163.22	32.93	138.73	50.18	3.42
C-ZJ	正向	30.00	0.89	202.95	16.61	247.14	34.16	215.71	49.65	2.99
	负向	-50.70	-0.94	-225.47	-14.23	-263.93	-26.71	-224.34	-45.51	3.20
	平均	40.35	0.92	214.21	15.42	255.54	30.44	220.03	47.58	3.09

将各试件的承载力、位移及延性进行比较,可以得出以下结论:

(1)各试件的位移延性系数均值都达到 3 以上,表明 HRB600 钢筋混凝土柱具有较好的变形能力。

(2)对比试件 C-F1、C-F2、C-F3 可知,随着轴压比增加,竖向约束作用增强,改善了集料咬合作用,使试件的开裂荷载增大,C-F3 比 C-F2 的开裂荷载增大了 81.6%,同时使试件的受压区高度增加,使试件的承载力提高,C-F3 比 C-F1 的峰值荷载增大了 30.6%,但是试件 C-F1、C-F2、C-F3 的破坏位移分别为 55.69、

44.87、39.39(mm),位移延性系数分别为4.52、3.76、3.59,表明轴压比增加,试件开裂荷载和承载力增大,延性降低。

(3)对比试件C-G1、C-F2、C-G2可知,随着配箍特征值增加,试件C-G1和C-G2的开裂荷载和峰值荷载均相差很小,试件C-F2和C-G1的延性系数分别为3.76和4.06,表明增加配箍特征值可以充分发挥高强箍筋对核心区混凝土和纵筋的约束作用,提高试件的抗震性能,但是对试件的承载力影响不大。

(4)对比试件C-M1、C-M2、C-F2可知,钢筋等面积代换,随着钢筋强度的提高,试件C-F2的峰值荷载比C-M1、C-M2分别增大38.1%、12.2%,试件C-F2的位移延性系数比C-M1减少14.5%。表明高强钢筋可以增加试件的承载力,但是会相应降低延性。

(5)对比试件C-Q1、C-Q2、C-F2可知,钢筋等强度代换,随着钢筋强度的提高,试件C-F2和C-Q1的峰值荷载分别为196.97kN和178.57kN,位移延性系数分别为3.76和4.53,表明采用高强钢筋等强度代换,承载力稍有增加,位移延性系数降低但是仍大于3,可以达到节省钢材的目的。

(6)对比试件C-F2、C-ZJ可知,提高纵筋率,试件C-ZJ的峰值荷载比C-F2提高了29.7%,位移延性有所降低,表明增加配筋率可以增加试件的承载力,但是会相应降低延性。

4.2.2.6 刚度退化

刚度是指结构构件抵抗变形的能力,是抗震性能的一个重要指标。在反复荷载作用下,试件的强度逐渐降低而变形继续增大的现象称为刚度退化。采用等效刚度来表示试件刚度退化特性的具体计算方法如式(4.2)所示。

$$K_i = \frac{P_i}{\Delta_i} \tag{4.2}$$

式中:P_i——第i次循环滞回环峰值点对应的荷载值;

Δ_i——第i次循环滞回环峰值点对应的位移值。

各试件刚度退化曲线如图4.13所示。

对比分析图4.13中各试件的刚度退化曲线可知:

(1)各试件的刚度退化曲线呈非线性且对称性良好。加载至开裂之后屈服之前,试件进入弹塑性阶段,曲线最为陡峭,刚度速降至初始刚度的50%,各试件的刚度退化速率基本一致;加载至屈服之后峰值之前,钢筋及混凝土材料的塑性性能得到发展,刚度退化的速率有所降低;加载至峰值之后,塑性变形继续发展累积,刚度退化速率趋于平缓。

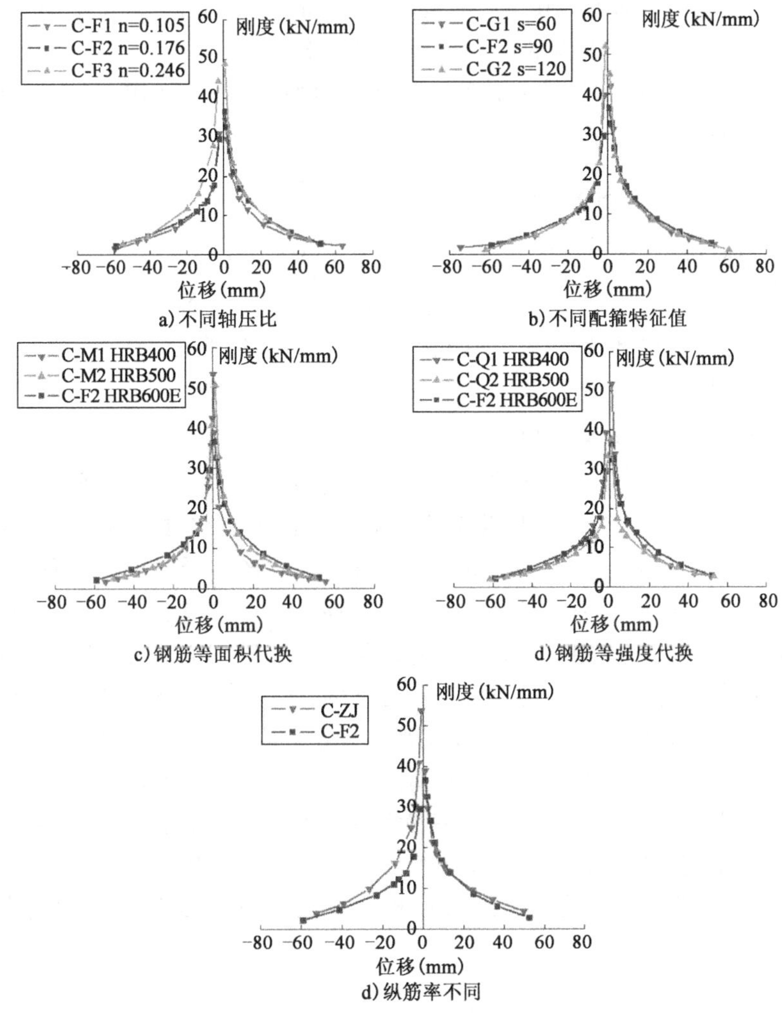

图 4.13　各试件刚度退化曲线

(2)轴压比增加,试件竖向约束加大,使得试件的初始刚度明显增大,随着加载位移变大,试件不断损伤,竖向荷载加重了钢筋的弯曲和混凝土的压碎,使得刚度退化的速率加快。

(3)配箍特征值增加,试件在屈服前的刚度退化曲线基本重合,试件屈服后,C－G2 的刚度退化速率最快,其原因是较大的箍筋间距减少了对核心区混凝土和纵筋的约束作用。

(4)钢筋代换,随着钢筋强度的提高,试件的初始刚度相差不多,刚度退化速率稍快，其中配有 HRB600 钢筋的试件刚度退化速率缓降时的位移相对较大，表明配有 HRB600 钢筋的试件后期抗震性能更稳定。

(5)增加配筋率，试件的初始刚度增大，刚度退化速率加快，但是残余刚度较大，累积损伤相对较小。

4.2.3 ABAQUS 有限元分析

ABAQUS 软件是一套基于有限元法的工程模拟软件，它具有分析解决从简单的线性分析到比较复杂的非线性模拟问题的功能。它同时具有相当强大的材料模型库，可以模拟金属、橡胶、钢筋混凝土、复合材料、高分子材料和土壤等大多数工程材料性能。

4.2.3.1 混凝土本构模型

在试件开始加载直至破坏的过程中，混凝土由于其自身性质的原因，受力和变形非常复杂，选取合适的本构关系是建模过程中非常重要的一个环节，甚至直接决定了计算过程的收敛性。ABAQUS 软件所提供的混凝土损伤模型有两种：分别为混凝土弥散开裂模型和混凝土损伤塑性模型，本试验的模拟采用混凝土损伤塑性模型。此种模型假设混凝土有拉伸开裂和压缩破碎两种破坏机制，并且混凝土在断裂过程中发生的损伤是不可逆的，由拉伸等效塑性应变和压缩等效塑性应变，同时结合非关联多重硬化塑性理论和各向同性弹性损伤理论来衡量表征混凝土在反复荷载作用下的非弹性行为。建模时需要输入单轴受拉和受压状态下的混凝土应力-应变关系和在受反复荷载过程中的混凝土损伤参数。

混凝土损伤塑性单轴应力应变曲线如图 4.14 所示，由图 4.14a)可知，在达到破坏应力 σ_{t0}前材料是线弹性的，用弹性模量 E_0 来表示线性力学性能，当达到

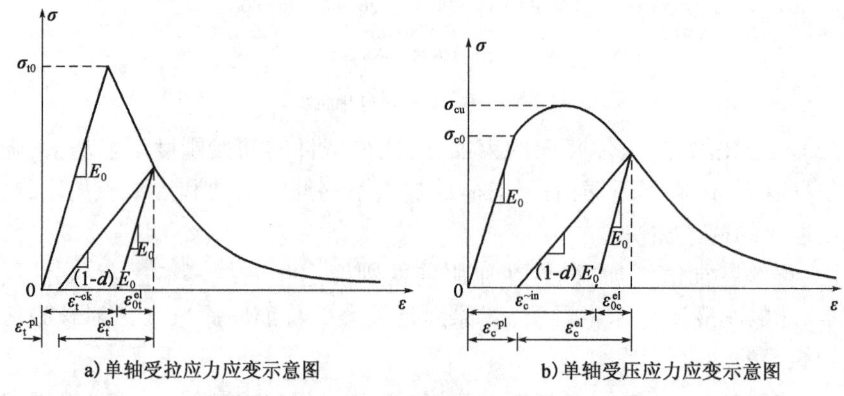

图 4.14 混凝土损伤塑性单轴应力应变曲线

破坏应力后，微裂纹随之产生，超过破坏应力后，微裂纹大量出现使材料产生软化。从图 4.14b）可知，材料受压时，达到初始屈服应力 σ_{c0} 前是线弹性的，超过该屈服后进入硬化阶段，超过极限应力 σ_{cu} 后为软化阶段。

在混凝土损伤塑性模型中，屈服和破坏面的演化由拉伸等效塑性应变 $\tilde{\varepsilon}_t^{pl}$ 和压缩等效塑性应变 $\tilde{\varepsilon}_c^{pl}$ 来控制的。而拉伸硬化和受压硬化的数据是根据开裂应变 $\tilde{\varepsilon}_t^{ck}$ 和受压非弹性应变 $\tilde{\varepsilon}_c^{in}$ 进行定义的，表达式如式（4.3）和式（4.4）所示：

$$\tilde{\varepsilon}_t^{pl} = \tilde{\varepsilon}_t^{ck} - \frac{d_t}{1 - d_t}\frac{\sigma_t}{E_0} \tag{4.3}$$

$$\tilde{\varepsilon}_c^{pl} = \tilde{\varepsilon}_c^{in} - \frac{d_c}{1 - d_c}\frac{\sigma_c}{E_0} \tag{4.4}$$

式中：$\tilde{\varepsilon}_t^{pl}$、$\tilde{\varepsilon}_c^{pl}$——拉伸等效塑性应变，压缩等效塑性应变；

$\tilde{\varepsilon}_t^{ck}$——开裂应变；

$\tilde{\varepsilon}_c^{in}$——受压非弹性应变；

d_t、d_c——受拉、受压损伤因子；

σ_t、σ_c——拉伸、压缩应力。

在 ABAQUS 的混凝土损伤塑性模型输入时，应输入 d_c-$\tilde{\varepsilon}_c^{in}$ 和 d_t-$\tilde{\varepsilon}_t^{ck}$ 的关系、$\tilde{\varepsilon}_c^{in}$ 和受压应变 ε_c 的关系、$\tilde{\varepsilon}_t^{ck}$ 和受拉应变 ε_c 的关系如式（4.5）和式（4.6）所示：

$$\tilde{\varepsilon}_c^{in} = \varepsilon_c - \frac{\sigma_c}{E_0} \tag{4.5}$$

$$\tilde{\varepsilon}_t^{ck} = \varepsilon_t - \frac{\sigma_t}{E_0} \tag{4.6}$$

在图 4.14a）中，若假定等效塑性应变 $\tilde{\varepsilon}_t^{pl}$ 占开裂应变 $\tilde{\varepsilon}_t^{ck}$ 的比例为 η_t，则损伤因子 d_t 的计算如式（4.7）所示：

$$d_t = \frac{(1 - \eta_t)\tilde{\varepsilon}_t^{ck}E_0}{\sigma_t + (1 - \eta_t)\tilde{\varepsilon}_t^{ck}E_0} \tag{4.7}$$

同样，在图 4.14b）中，损伤因子 d_c 的计算如式（4.8）所示：

$$d_c = \frac{(1 - \eta_c)\tilde{\varepsilon}_c^{in}E_0}{\sigma_c + (1 - \eta_c)\tilde{\varepsilon}_c^{in}E_0} \tag{4.8}$$

在以上两式中，d_t 取 0.9 较为合适、d_c 取 0.6 较为合适。

此次模拟采用《混凝土结构设计规范》（GB 50010—2010）附录 C 中所提供

的单轴受拉和受压的本构关系。在不考虑损伤演化参数的情况下，得到的表达式与《混凝土结构设计规范》(GB 50010—2002)中的相同。

混凝土受压部分的表达式如式(4.9)和式(4.10)所示，真实应力和损伤因子随非弹性应变的规律如图4.15所示。

$x \leqslant 1$ 时

$$y = \alpha_a x + (1 - 2\alpha_a) + (\alpha_a - 2)x^3 \tag{4.9}$$

$x > 1$ 时

$$y = \frac{x}{\alpha_d(x - 1) + x} \tag{4.10}$$

式中：α_a、α_d——单轴受压应力-应变曲线上升段和下降段的参数值；

$x = \dfrac{\varepsilon}{\varepsilon_{c,r}}$，$y = \dfrac{\sigma}{f_{c,r}}$，取 $\varepsilon_{c,r} = (700 + 172\sqrt{f_c}) \times 10^{-6}$，其含义为棱柱体试块达到轴心抗压强度时相应的峰值应变。

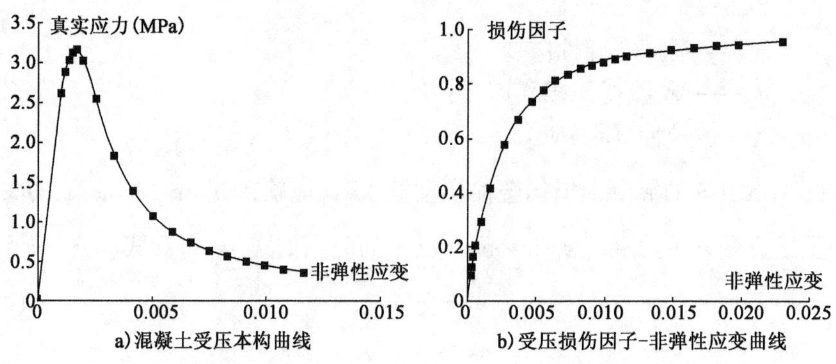

图4.15 混凝土受压本构及损伤曲线

混凝土受拉部分的表达式如式(4.11)和式(4.12)所示，真实应力和损伤因子随开裂应变的规律如图4.16所示。

$x \leqslant 1$ 时

$$y = 1.2x + 0.2x^6 \tag{4.11}$$

$x > 1$ 时

$$y = \frac{x}{\alpha_t(x - 1)^{1.7} + x} \tag{4.12}$$

式中：α_t——单轴受拉应力-应变曲线下降段的参数值；

$x = \dfrac{\varepsilon}{\varepsilon_{t,r}}$，$y = \dfrac{\sigma}{f_{t,r}}$，$\varepsilon_{t,r} = 65 \times f_t^{0.54} \times 10^{-6}$，其含义为棱柱体试块达到轴心抗拉强度时相应的峰值应变。

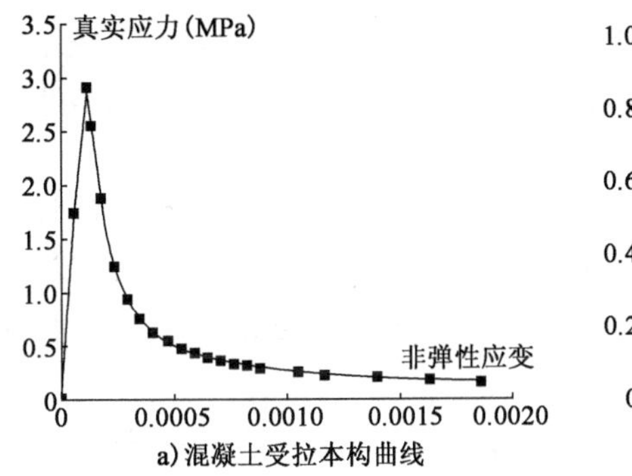

a)混凝土受拉本构曲线

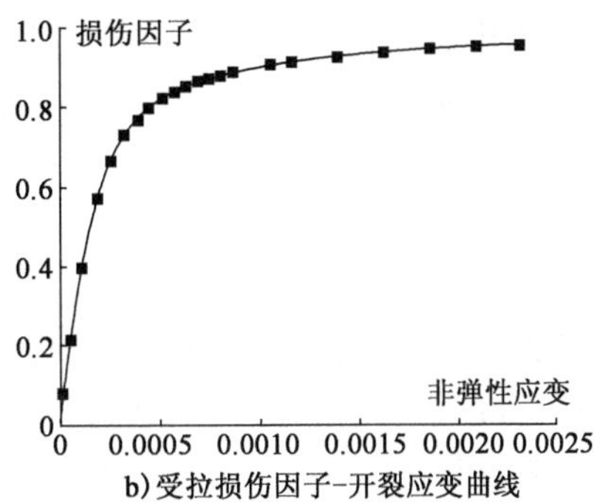

b)受拉损伤因子-开裂应变曲线

图 4.16 混凝土受拉本构及损伤曲线

4.2.3.2 钢筋本构模型

钢筋本构模型采用 PQ-Fiber 中的 USTEEL02 模型。PQ-Fiber 是清华大学土木工程系基于 ABAQUS 开发的一组材料单轴滞回本构模型的集合,其中的 USTEEL02 本构模型是一种再加载刚度按 Clough 本构退化的随动硬化单轴本构模型。该模型如图 4.17 所示,其主要特点是在反向再加载时,并不立即指向历史最大点(ε_{max},f_{max}),而是先按卸载刚度加载至历史最大点对应应力的 0.2 倍,即 0.2f_{max},再指向历史最大点。此模型定义的强度退化模型考虑累积损伤引起的钢筋混凝土构件的受弯承载力退化,该模型中,钢筋屈服强度的退化以及骨架曲线的下降并非仅考虑钢筋本身的劣化,而是综合反映了钢筋混凝土界面的黏结滑移以及混凝土保护层剥落等引起的综合退化效果。

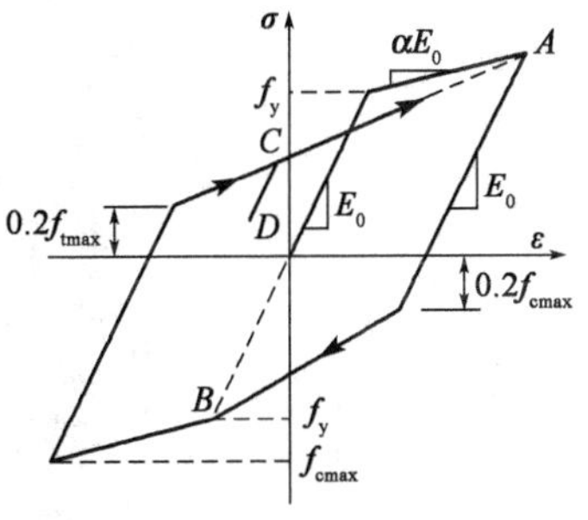

图 4.17 钢筋本构模型

4.2.3.3 模型建立过程

创立部件:在 Part 模块中,根据试件的实际尺寸建立混凝土、纵筋和箍筋的模型。通过拉伸的方式将混凝土变为三维实体部件,钢筋为三维线性部件。

定义属性和截面:根据对混凝土试块及钢筋的试样材性试验得到的数据,在 Property 模块中输入混凝土本构关系及损伤因子、钢筋本构关系。分别对混凝土、纵筋截面、箍筋截面进行“创建截面”操作,之后将各材料的本构关系赋予与之对应的部件截面,完成对各个部件的材料属性的定义工作。

装配部件:在 Assembly 模块中,通过复制、移动、旋转等功能将纵筋和箍筋编织成钢筋骨架,并将钢筋骨架按照在试件中的真实几何位置嵌入混凝土柱体内部。用分割部件的命令将柱加载端和柱体进行区分,以方便后续加载步骤的操作。

定义分析步:为与试验步骤保持一致,在模拟过程中,也按照先荷载控制后位移控制的步骤进行加载。在 Step1 中施加轴向压力,在 Step2 中对加载端进行荷载控制下的反复推拉,步长为 30kN,在目标纵筋达到屈服应变后,确定屈服位移,并在 Step3 中进行位移水平控制下的反复推拉。

定义约束:柱底为固定端约束,钢筋骨架以"Embedded"命令嵌入到混凝土中。

定义荷载:通过在柱顶施加均匀压强的形式施加轴向压力,在加载端侧面,定义参考点,即 RP 点,将参考点和加载端的一面耦合在一起,通过对参考点施加集中力以达到施加反复荷载的目的。

划分网格:混凝土柱体采用八节点六面体二次减缩积分单元,即 C3D8R 单元。钢筋采用 T3D2 桁架单元。划分网格具体见图 4.18。

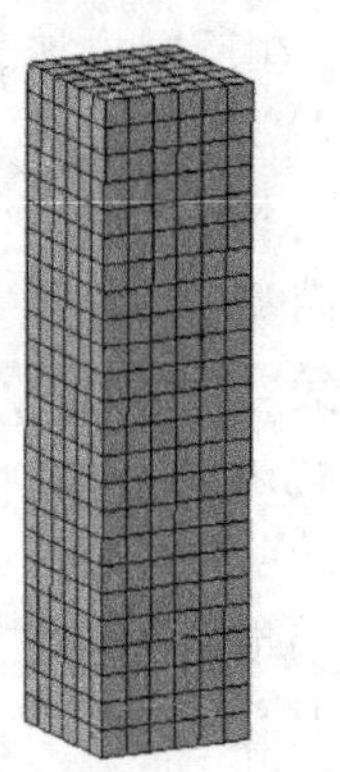

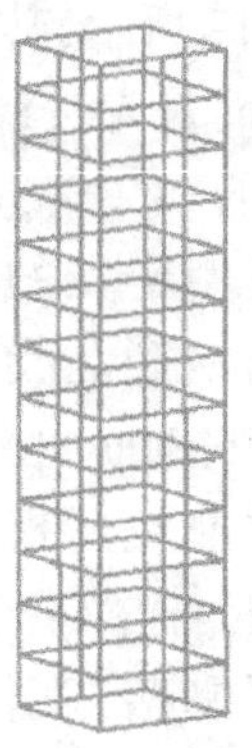

图 4.18　网格划分

4.2.3.4　模拟结果分析

对试验中的 C-G1、C-G2、C-Q1 和 C-Q2 采用以上方法进行往复荷载下的数值模拟。其中,C-G1、C-Q2、C-Q1 配筋较多,钢筋本构对柱子的滞回行为影响显著,可分别验证 HRB600、HRB500、HRB400 钢筋本构的精度;C-G2 配筋较少,柱子的滞回特性主要受混凝土本构的影响,因而可以验证混凝土本构的精度。滞回曲线及骨架曲线的计算结果和试验结果对比见图 4.19 和表 4.6。

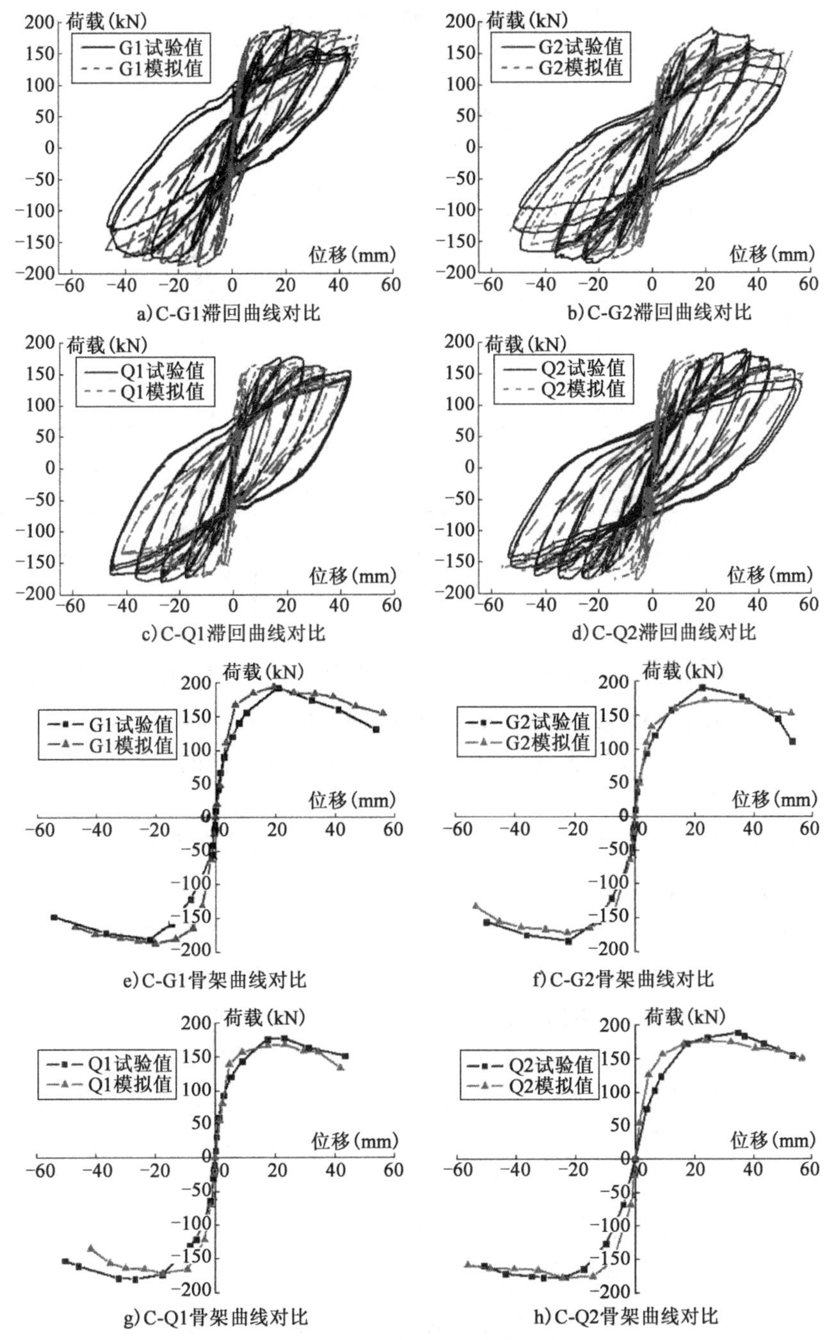

a)C-G1滞回曲线对比

b)C-G2滞回曲线对比

c)C-Q1滞回曲线对比

d)C-Q2滞回曲线对比

e)C-G1骨架曲线对比

f)C-G2骨架曲线对比

g)C-Q1骨架曲线对比

h)C-Q2骨架曲线对比

图4.19 计算结果和试验结果对比

计算结果与试验结果对比表 表4.6

试件		屈服状态		极限状态	
		荷载(kN)	位移(mm)	荷载(kN)	位移(mm)
C－G1	试验值	153.71	12.1	186.79	21.39
	模拟值	171.89	8.1	194.03	19.49
	差值	11.8%	33.1%	3.9%	8.9%
C-G2	试验值	157.24	12.45	187.68	22.26
	模拟值	148.77	8.65	172.24	23.49
	差值	5.4%	30.5%	8.2%	5.5%
C-Q1	试验值	144.86	10.39	178.57	24.87
	模拟值	148.45	7.04	168.18	23.22
	差值	2.5%	32.2%	5.8%	6.6%
C-Q2	试验值	158.32	14.22	182.8	32.93
	模拟值	153.34	8.59	177.02	24.08
	差值	3.1%	39.6%	3.2%	26.9%

由图4.19可知,模拟所得的滞回曲线和骨架曲线与试验所得的曲线有较好的吻合度,模拟的滞回曲线能够大致表达出试件加载过程中的各个关键特征点,从而在一定精度上能够描述整个加载过程。同时模拟所得的滞回曲线和骨架曲线还体现出以下特点:

(1)与试验滞回曲线相比,具有较好的对称性,数据偏移情况很少。

(2)初始刚度较大。出现这些差异的原因,可能有以下几种:

①混凝土具有非匀质特性,混凝土内部存在气泡、原始裂缝,密实程度不均匀。而在模拟计算时认为材料都是均质的。

②加载过程中混凝土的泊松比随着裂缝的展开是逐渐增大的,而模拟过程中认为泊松比是不变的,也会造成刚度在一定程度上的偏大。

结合表中数据可知,大部分试件极限荷载、极限位移和屈服荷载的误差大部分在10%以下,体现出较好的模拟效果,不足之处是由于初始刚度的增大而导致在利用等面积法确定屈服位移时误差较大,这与滞回曲线误差的产生是同一个原因。总体来看,建立的ABAQUS模型具有一定的精确度和可靠性。

4.2.3.5 模拟参数分析

在模拟结果具备一定精确度的前提下,对不同混凝土强度等级的试件进行模拟,探究混凝土强度对其抗震性能的影响,在试件C－F2的尺寸、轴压比及配箍率的基础上进行变量分析，Z1～Z3 试件混凝土强度等级分别取 C40、C50、C60，模拟所得 Z1～Z3 的滞回曲线与骨架曲线如图 4.20 所示，各试件受压损伤云图如图 4.21 所示，各试件的位移、承载力及延性和耗能见表 4.7。

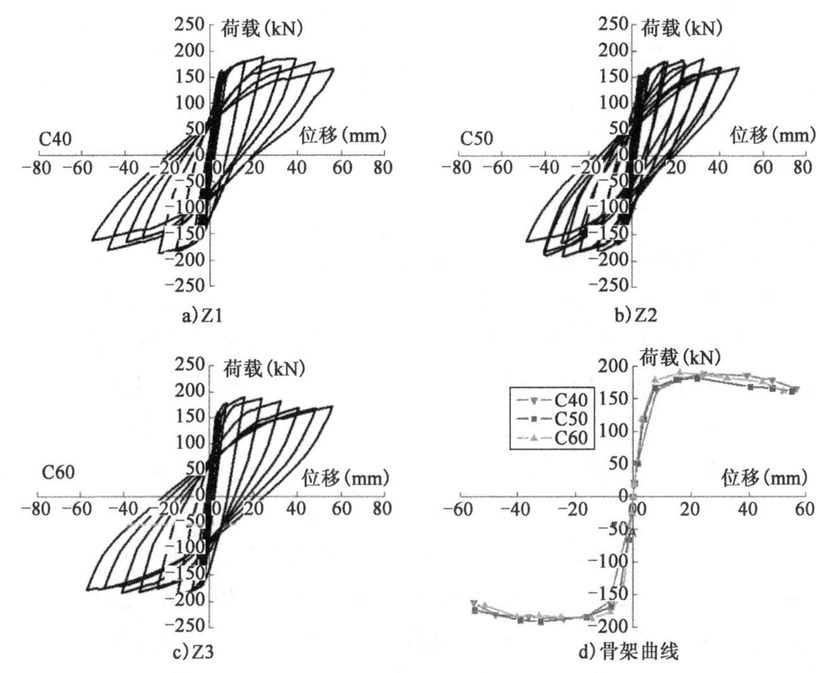

图 4.20 不同混凝土强度的滞回曲线及骨架曲线

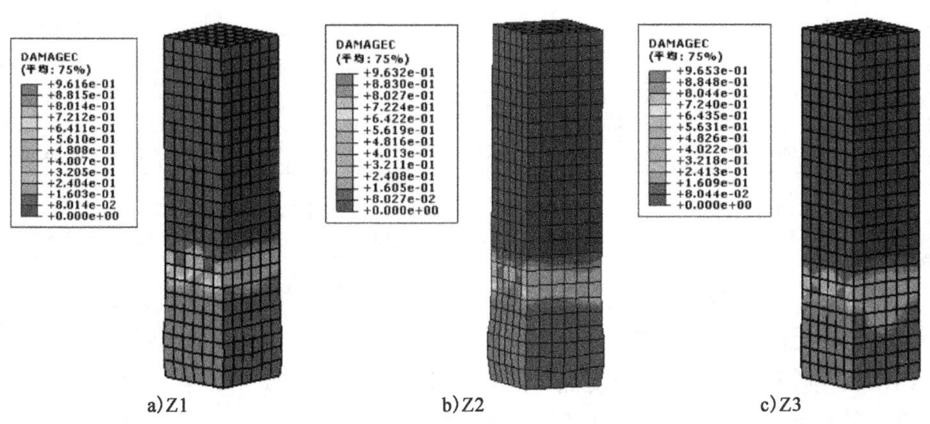

图 4.21 不同混凝土强度受压损伤云图

承载力、位移及耗能 表4.7

试件	屈服		极限		破坏		延性	累积滞回耗能（kN·mm²）
	荷载（kN）	位移（mm）	荷载（kN）	位移（mm）	荷载（kN）	位移（mm）		
Z1	167.38	8.12	188.41	24.40	160.15	56.64	6.98	47189.67
Z2	168.20	7.95	187.27	22.07	154.93	54.93	6.91	56650.14
Z3	167.44	7.86	189.73	15.99	161.27	52.13	6.63	60955.01

随着混凝土强度提高，采用C60混凝土的试件加载后期混凝土破坏较低强度混凝土缓慢，根据滞回曲线可得，试件卸载刚度变大，残余变形更大，滞回环更加饱满，耗能能力更强，采用C60混凝土比采用C50和C40混凝土的累积耗能分别增大7.6%和29.2%。由骨架曲线可知，采用C60混凝土的试件Z3上升段斜率较大，初始刚度更大使得Z3试件屈服位移减小，由表4.7可知，混凝土强度提高时，试件破坏位移及延性稍有降低，承载力相差不大。由图4.21可知，随着混凝土强度的提高，试件底部破坏的范围减小，表明HRB600钢筋与高强混凝土更为匹配。

在保持相同纵筋配置的情况下，仅改变箍筋的强度，其中试件Z2、Z4和Z5所配置箍筋的屈服强度分别为660MPa、450MPa和520MPa。研究箍筋强度对试件抗震性能的影响。各试件的位移、承载力、延性及耗能能力见表4.8，箍筋应力云图如图4.22所示，模拟所得Z4、Z5的滞回曲线与骨架曲线如图4.23所示。

承载力、位移及耗能 表4.8

试件	屈服		极限		破坏		延性	累积滞回耗能（kN·mm²）
	荷载（kN）	位移（mm）	荷载（kN）	位移（mm）	荷载（kN）	位移（mm）		
Z2	168.20	7.95	187.27	22.07	154.93	54.93	6.91	56650.14
Z4	166.18	7.37	187.87	23.85	159.13	45.17	6.13	54776.05
Z5	168.81	7.74	188.15	24.33	156.66	49.04	6.33	55358.53

由图4.22可知，各试件在破坏状态下箍筋均已达到各自的屈服强度，随箍筋强度的提高，比较试件Z4与Z2，应变较大的箍筋距柱底的高度减小，表明HRB600箍筋可以发挥其强度优势。由图4.23可知，加载前期各试件骨架曲线基本重合，加载后期随箍筋强度的提高，试件滞回曲线和骨架曲线下降的更加平缓，结合表4.8可知，试件屈服荷载和承载力相差不大，累积滞回耗能相近，屈服

位移稍有增加,试件 Z2 的破坏位移较 Z4 和 Z5 分别增大 21.6% 和 12.0% ,延性分别增加 12.7% 和 9.2% ,表明高强箍筋对混凝土和纵筋的约束作用可以延缓试件的破坏,提高试件加载后期的稳定性。

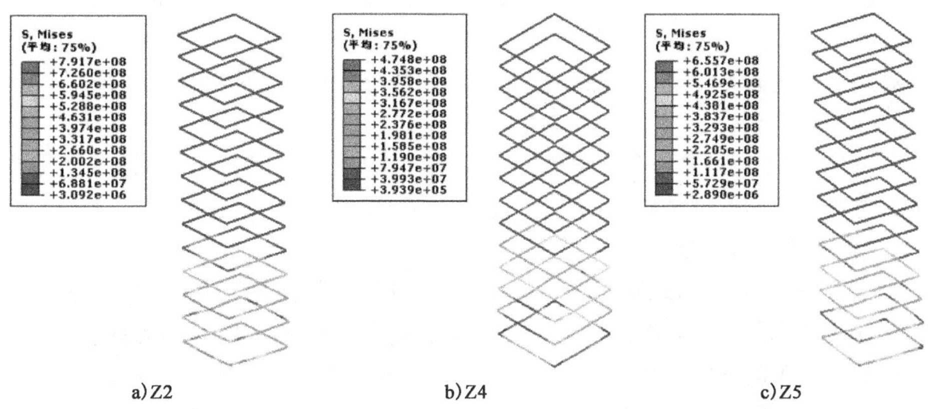

图 4.22　不同箍筋强度的箍筋应力图

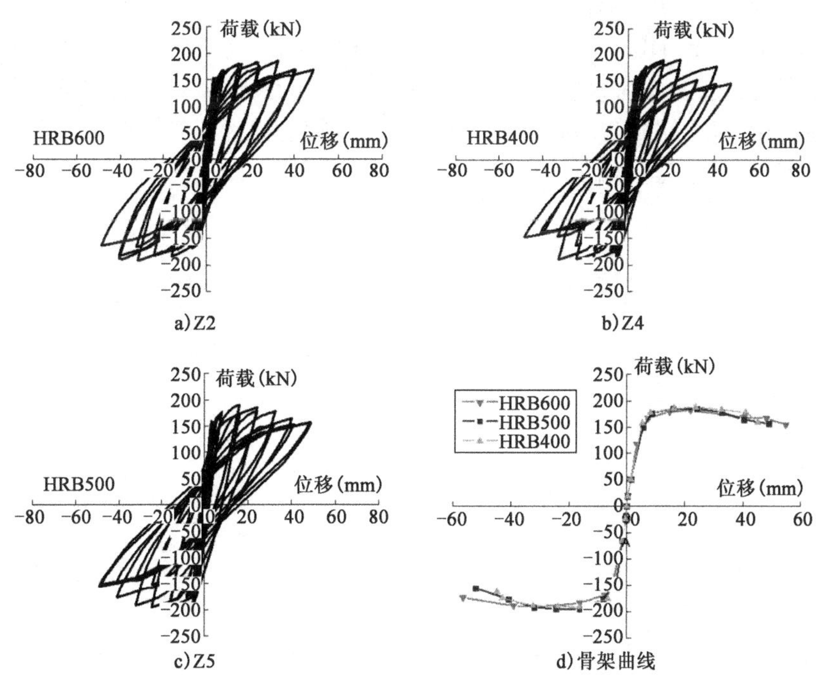

图 4.23　不同箍筋强度的滞回曲线及骨架曲线

4.3 本章小结

通过对 6 根配置 HRB600 钢筋的混凝土柱和 4 根依据钢筋等面积及等强度代换的方法分别配置 HRB500、HRB400 的对比试件进行低周反复试验,并利用有限元软件进行数值模拟,探究 HRB600 钢筋混凝土柱的抗震性能,得出以下结论:

(1)配有 HRB600 钢筋的各试件破坏形态均为弯曲破坏,破坏前均表现出较好的塑性变形能力和耗能性能。试验过程中,HRB600 钢筋能够受拉或受压屈服,充分发挥其抗拉和抗压强度优势。

(2)轴压比增加,试件开裂荷载和承载力提高,延性相对降低;配箍特征值增大,滞回环更加饱满,刚度退化速率变缓,提高试件的延性;钢筋等面积代换,配有 HRB600 钢筋的试件初始刚度增加,刚度退化减少,承载力提高,但相应降低延性;钢筋等强度代换,随钢筋强度增加,试件承载力稍有增加,但相差不大,延性系数有所降低,但仍满足规范要求,可以达到节省钢材的目的;纵筋配筋率增大,试件承载力明显提高。

(3)利用 ABAQUS 有限元软件模拟所得模拟结果与试验结果规律一致,且吻合度较好。混凝土强度提高,对试件承载力影响较小,延性稍有降低,耗能能力更强,HRB600 钢筋与高强混凝土更为匹配;箍筋强度提高,试件屈服荷载和承载力相差不大,延性增加。

5 HRB600 钢筋混凝土偏心受压柱受力性能试验研究

5.1 引言

本章试验将高强钢筋与偏心受压结合起来，对配置 HRB600 钢筋偏压构件的受力性能进行研究，为 HRB600 钢筋尽快列入国家设计规范提供依据并推动其在实际工程中的应用。

为了研讨 HRB600 级钢筋在偏心受压构件中抗压强度发挥的程度，本章通过配有 HRB600 级纵向受力高强钢筋混凝土偏心受压柱试件受力性能的试验，分析纵筋配筋率及偏心距对高强钢筋混凝土偏压柱受力性能的影响。提出在混凝土偏心受压构件中 HRB600 级高强钢筋抗压强度设计值，为混凝土结构设计规范局部或全面修订时列入 HRB600 级钢筋提供参考依据。

5.2 试验研究

5.2.1 试件设计

试验共设计 3 组，9 个构件，设计参数如表 5.1 所示。为方便偏心荷载的施加，试件两端设计加大截面牛腿。为防止构件端部局部压坏，在牛腿端部设置间距 100mm 的钢筋网片 3 排。同时在牛腿部分加密箍筋，加密区箍筋间距为 75mm，构件中部非加密区箍筋间距 150mm。混凝土强度等级均为 C50，保护层厚度均为 30mm，纵向受力钢筋均采用 HRB600 钢筋，箍筋采用 HRB400 钢筋。偏压柱的配筋和构造情况如图 5.1 所示。

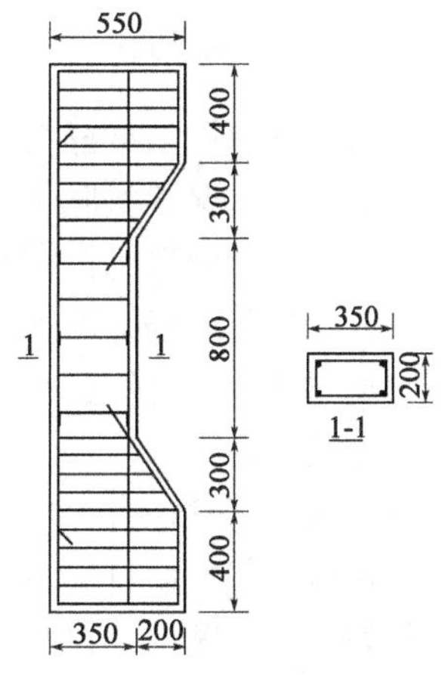

图 5.1 构件配筋图(尺寸单位:mm)

偏压柱设计参数 表 5.1

试件编号	偏心距（mm）	纵筋类型	纵筋根数	纵筋直径（mm）	箍筋类型	箍筋根数	箍筋间距（mm）
PZ1	100	HRB600	4	18	HRB400	8	150
PZ2	210	HRB600	4	18	HRB400	8	150
PZ3	230	HRB600	4	18	HRB400	8	150
PZ4	130	HRB600	4	20	HRB400	10	150
PZ5	230	HRB600	4	20	HRB400	10	150
PZ6	250	HRB600	4	20	HRB400	10	150
PZ7	130	HRB600	4	22	HRB400	10	150
PZ8	250	HRB600	4	22	HRB400	10	150
PZ9	260	HRB600	4	22	HRB400	10	150

HRB600 钢筋的材料性能如表 5.2 所示。

钢筋力学性能实测值 表 5.2

钢筋等级	钢筋直径（mm）	屈服强度（MPa）	极限强度（MPa）	伸长率（%）
600MPa	18	700.79	875.90	20.37
600MPa	20	678.07	845.17	19.50
600MPa	22	648.49	821.79	21.21

5.2.2 加载方案

本试验是单调加载静力试验，在河北工业大学 1000t 压剪试验机上进行加载。根据试验情况和实际工程情况，偏压柱采用两端铰支竖位加载的方式，加载轴到构件形心的距离为加载的偏心距，加载时上下两端垫垫板，以防止局部破坏。加载装置及现场情况如图 5.2 所示。

加载方案的制定需遵循《混凝土结构试验方法标准》（GB 50152—2012）中的有关规定。

预加载：先对试验试件逐渐施加极限荷载 20% 的预加载，再对试件正式加载。加到预加载值后，用采集仪采集数据，观察应变值是否合理，以检查应变片或仪器等有无问题。若采集到有不合理的应变值，对相应部位进行调整，直到所有数据正常后，才能正式开始试验。

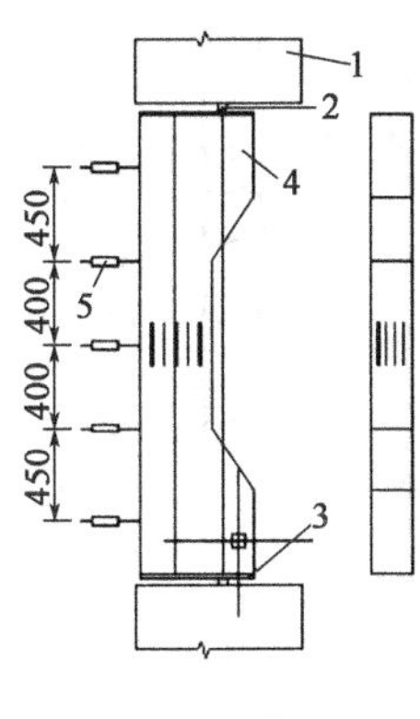

a) 加载装置

b) 现场情况

图 5.2 加载装置及现场情况(尺寸单位:mm)

1-试验机;2-滚轴支座;3-垫板;4-试验柱;5-位移计

正式加载:初始分级为计算极限荷载的 10%,当加载值达到计算荷载的 90%后,以计算极限荷载 5%对构件进行分级加载,保持每级荷载 10min 持荷时间,确保在此级荷载下构件变形稳定后,再继续加下一级荷载。

5.2.3 试验结果及分析

5.2.3.1 试验现象

图 5.3 为大小偏压破坏的典型裂缝分布图。试件 PZ2、PZ3、PZ5、PZ6、PZ8、PZ9 破坏现象较为相似,属于大偏心受压破坏。加载初期,荷载较小,试件的挠度、钢筋应变、压区混凝土应变随荷载增大均匀增大,基本呈线性变化。当荷载增大到计算极限荷载的 10% ~20% 时,第一条水平裂缝产生,大多出现在柱中部。随着纵向压力的逐渐增大,裂缝数量增多,受拉侧混凝土出现贯通裂缝并向两侧延伸。荷载继续增大,与试件变截面水平的侧面受拉区,不断有斜裂缝产生、延伸,并向中部靠拢。达到破坏荷载时,受拉侧钢筋屈服,横向裂缝宽度及试件挠度快速增大,受压边缘混凝土压碎脱落,构件破坏。

试件 PZ1、PZ4、PZ7 属于小偏心受压破坏。荷载较小时,试件表现出较好的弹性性能。荷载逐渐增大,受拉侧出现第一条水平裂缝,而后不断有水平裂缝产生,但与大偏心时裂缝开展情况相比,小偏心试件出现裂缝数量少,宽度小,延伸速度慢,侧面没有拉侧向压侧延伸的贯通裂缝产生。试件破坏时,听到噼啪的混凝土开裂声音,受压边出现多条竖向裂缝,突然听到巨大响声,试件中部受压侧混凝土剥落,钢筋外露,突然破坏。

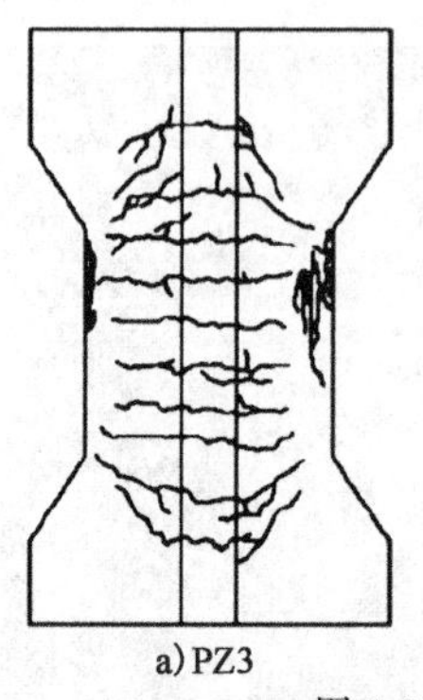

a) PZ3

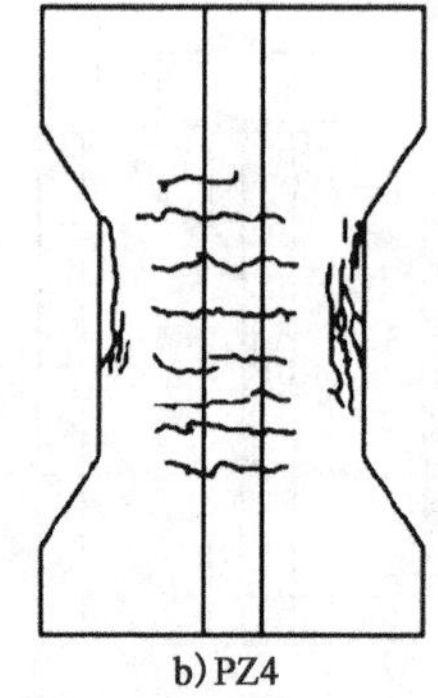

b) PZ4

图 5.3 偏压柱的破坏形态

5.2.3.2 荷载-跨中挠度曲线分析

偏压构件的荷载-跨中挠度曲线如图 5.4 所示，大偏压试件间及小偏压试件间曲线规律比较一致。大偏压构件(PZ3、PZ5、PZ6、PZ8 和 PZ9)在加载初期荷载较小，受拉区混凝土没有开裂，构件挠度随荷载的增大而均匀增大，曲线呈线性变化；荷载逐渐增大，构件受拉侧有水平裂缝产生，裂缝不断增多且宽度不断增大，受拉区开裂混凝土退出工作，构件塑性越来越明显，荷载—跨中挠度曲线斜率不断减小。当接近破坏荷载时，荷载增大很小，挠度增大很多，延性较好。小偏压构件(PZ1、PZ4、PZ7)荷载-跨中挠度曲线在开裂前基本呈线性，之后构件塑性增加，所以曲线后来显示了非线性。小偏压破坏为没有预兆的突然破坏，由图 5.4 中曲线对比可知，小偏压破坏时的挠度均小于大偏压破坏时挠度值，极限荷载均大于大偏压的极限荷载值。

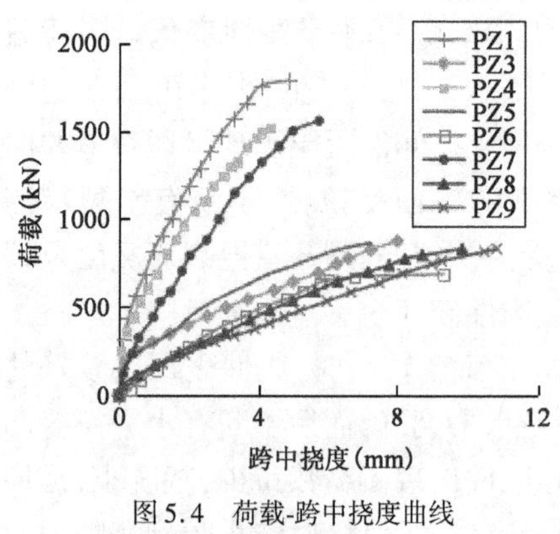

图 5.4 荷载-跨中挠度曲线

图 5.4 中 PZ4、PZ5 和 PZ6 是纵筋配筋率均为 0.84% 的荷载—跨中挠度曲线。由图可以看出，其他条件完全相同、偏心距不同时，试件挠度随偏心距的增大而增大。偏心距越大，曲线越平缓，破坏荷载值越小，最终挠度越大。图 5.4 中 PZ3、PZ5 是偏心距为 230mm 的荷载—跨中挠度曲线。由图可知，当混凝土强度、偏心距相同，配筋率不同，在相同荷载作用下，挠度随配筋率的增大而减小。

5.2.3.3 荷载-钢筋应变曲线分析

如图 5.5 所示，PZ5、PZ6、PZ8 为大偏压试件，PZ4 为小偏压试件，PZ4、PZ5

与 PZ6 仅偏心距不同,PZ6 和 PZ8 仅配筋率不同。大偏压情况下荷载—应变曲线主要分为三段:

(1)线性阶段:荷载较小,应变随荷载增大而均匀增大,试件表现出较好的弹性性能。

(2)非线性增长阶段:荷载达到开裂荷载并不断增大,构件受拉区混凝土出现水平裂缝并不断延伸变宽,开裂混凝土退出工作,构件受压区高度减小,荷载—应变曲线呈非线性变化。

(3)接近破坏荷载时,增加较小的荷载值,钢筋应变增长较大,曲线近似水平发展。此次试验中的小偏心受压构件,受压钢筋未屈服,混凝土压碎,试件破坏,离荷载施力点近的钢筋性能得到较好利用。

图 5.5 中 PZ4、PZ5、PZ6 荷载—钢筋应变曲线对比可以看出,偏心距越小,极限荷载越大,受压钢筋和受拉钢筋荷载—应变曲线越陡。其他条件相同且同一荷载作用下,受拉和受压钢筋应变随偏心距的增大而增大。PZ6、PZ8 为偏心距相同,仅配筋率不同的试件,在同级荷载作用下,配筋率越大,钢筋应变增长越慢。

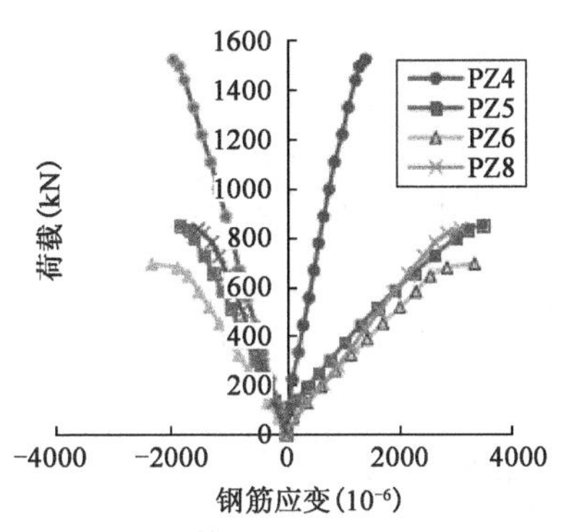

图 5.5 荷载-钢筋应变曲线

5.2.3.4 荷载-混凝土应变

图 5.6 为混凝土压应变随荷载变化的曲线图。加载初期,荷载较小,混凝土压应变随荷载增大而均匀增大,荷载继续增大,曲线逐渐表现出非线性。图 5.6 中 PZ1、PZ2、PZ3 对应的曲线为其他条件相同、偏心距不同的荷载—混凝土压应变曲线。可以看出,配筋率相同时,同一荷载下混凝土压应变随偏心距增大而增大,初始偏心距越小构件承载力越高,荷载—混凝土压应变曲线越陡峭。图 5.6 中 PZ3、PZ5 为配筋率不同,偏心距相同的荷载—混凝土压应变曲线。可以看出,其他条件相同时,相同荷载下混凝土压应变随配筋率增大而减小。

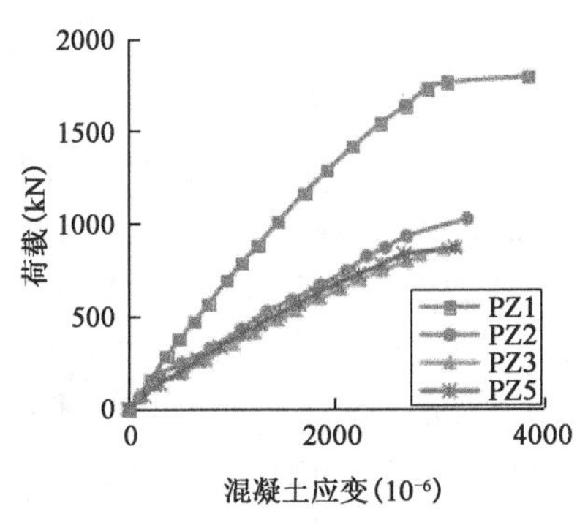

图 5.6 荷载—混凝土应变曲线

5.2.3.5 偏心受压承载力分析

由以上分析可知,配置 HRB600 级高强钢筋的混凝土偏压柱截面基本符合平截面假定,受力性能与普通钢筋混凝土偏压构件相似。对于大偏压构件,临近破坏时,受拉钢筋能够达到屈服,正截面极限承载力可根据《混凝土结构设计规范》(GB 50010—2010)相关公式进行计算。公式如下:

$$N \leqslant \alpha_1 f_c bx + f'_y A'_s - f_y A_s \tag{5.1}$$

$$Ne \leqslant \alpha_1 f_c bx\left(h_0 - \frac{x}{2}\right) + f'_y A'_s(h_0 - a'_s) \tag{5.2}$$

$$\sigma_s = \frac{f_y}{\xi_b - \beta_1}\left(\frac{x}{h_0} - \beta_1\right) \tag{5.3}$$

式中,当构件为大偏压破坏时,式(5.1)中取 $\sigma_s = f_y$,当构件为小偏心破坏时,按式(5.3)计算。e 按下式计算:

$$e = e_0 + e_a + \frac{h}{2} - a \tag{5.4}$$

$$\eta_{ns} = 1 + \frac{1}{1300(M_2/N + e_a)/h_0}\left(\frac{l_c}{h}\right)^2 \xi_c \tag{5.5}$$

$$\xi_c = \frac{0.5 f_c A}{N} \tag{5.6}$$

构件承载力实测值和计算值如表 5.3 所示。表中为试验测得的承载力;N_u^{c1} 为材料强度均取实测值按规范中公式计算得到的承载力;N_u^{c2} 为 f_c 取实测值、钢筋抗拉强度取为 520MPa 计算得到的承载力。由表 5.3 可以看出,试验值 N_u^t 与计算值 N_u^{c1} 比值在 1.078 ~ 1.473,平均值为 1.313、标准差为 0.129、变异系数为 0.098,数据离散程度较小,表明 HRB600 级钢筋混凝土柱偏心受压承载力按照规范公式计算比较精确;试验值 N_u^t 与计算值 N_u^{c2} 比值在 1.297 ~ 1.705,平均值为 1.466、标准差为 0.137、变异系数为 0.093,数据离散程度较小,表明当 HRB600 级钢筋屈服强度设计值取 520MPa 时,采用规范中承载力计算公式计算,具有足够的安全储备。由于直径 18mm 的钢筋实测屈服强度比直径 20mm、22mm 的大许多,故 PZ1、PZ2、PZ3 试验值 N_u^t 与计算值 N_u^{c2} 比值与其他比均有些偏大。表 5.3 中承载力实测值与计算值之比均大于 1,在实际工程中使结构有一定的可靠度。

偏压构件试验结果与计算结果比较　　表 5.3

试件	N_u^t(kN)	N_u^{c1}(kN)	N_u^t/N_u^{c1}	N_u^{c2}(kN)	N_u^t/N_u^{c2}
PZ1	1791	1215	1.473	1186	1.511
PZ2	1023	700	1.461	600	1.705
PZ3	877	632	1.388	519	1.689
PZ4	1521	1082	1.406	1048	1.452
PZ5	866	701	1.234	609	1.423
PZ6	690	640	1.078	532	1.297
PZ7	1560	1146	1.361	1119	1.394
PZ8	833	706	1.179	627	1.330
PZ9	834	677	1.232	598	1.396

5.3　有限元分析

ABAQUS 是一套有强大工程模拟功能的有限元分析软件，主要包括三部分模块：可视化图形界面 CAE、隐式求解器 STANDARD、显示求解器 EXPLICIT。ABAQUS 有各种类型的材料模型、丰富的单元模型，具有强大的计算功能和广泛的模拟能力。无论是分析一个简单的线弹性问题，或是一个包括多种不同性质材料、承受复杂荷载形式的非线性组合问题，应用 ABAQUS 计算都能得到令人满意的结果。

5.3.1　模型建立过程

5.3.1.1　创建部件

在 Part 模块中，首先明确单位，取 N、m、Pa、kg 分别为荷载、长度、应力、质量的单位。根据各个部件的实际尺寸，建立混凝土柱、纵向钢筋、箍筋、钢垫板的模型。混凝土柱、钢垫板为三维实体部件，纵向钢筋、箍筋为二维线性部件。

5.3.1.2　定义部件材料性质

在 Property 模块中，首先定义混凝土、钢板、纵向钢筋、箍筋四种材料性质。定义混凝土材料性质时，需要输入混凝土的密度、杨氏模量、泊松比、塑性参数及混凝土本构关系、损伤因子等。定义钢筋材料性质时,需要输入钢筋的密度、杨氏模量、泊松比及本构关系。分别对混凝土、钢板、纵向钢筋、箍筋进行创建截面、指派截面操作,完成定义材料属性步骤。

5.3.1.3 装配

在 Assembly 模块中,通过平移、旋转、阵列等功能将箍筋和钢筋拼接成钢筋骨架,再将钢筋骨架嵌入混凝土柱中,形成钢筋混凝土柱,见图 5.7。

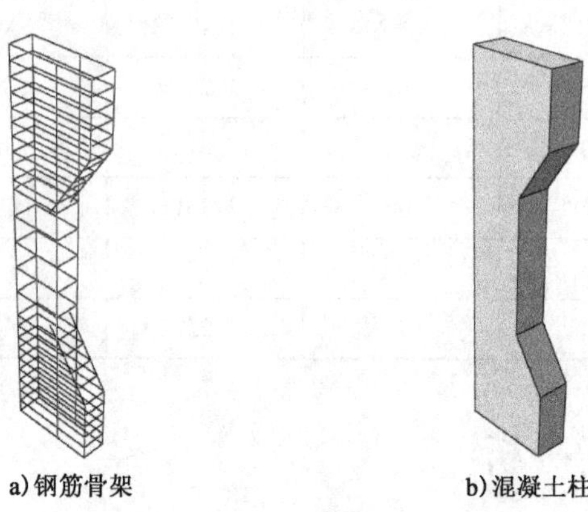

a) 钢筋骨架　　b) 混凝土柱

图 5.7　试验部件

5.3.1.4 相互作用

在 Interaction 模块中,将钢筋骨架通过"Embeded"命令嵌入混凝土中,两块钢垫板通过"Tie"命令与混凝土柱上下表面绑定,见图 5.8a)。

5.3.1.5 荷载和边界条件

在 Load 模块中,创建初始边界条件并设置位移控制加载。点击创建边界条件按钮,选择位移/转角方式,选择柱底钢板偏压线,将其设为固定约束;用同样的方式,将柱顶钢板偏压线固定 Z 方向位移及 Y、Z 方向转角,边界条件设置完毕。在 Step1 中,对柱顶钢板偏压线设沿 Y 轴负向的位移。

5.3.1.6 划分网格

划分网格时,应布置合适数量的种子,若单元划分过大,使计算精度不准确;若单元划分太小,可能使局部单元产生应力集中,从而导致计算时间过长,结果不收敛。混凝土柱采用 C3D8R 单元,钢筋采用 T3D2 桁架单元,划分网格具体见图 5.8b)。

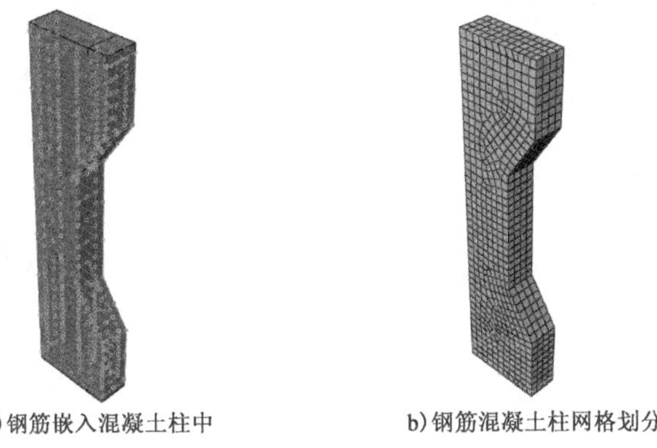

a) 钢筋嵌入混凝土柱中　　b) 钢筋混凝土柱网格划分

图 5.8　约束与网格划分

5.3.2　模型结果分析

5.3.2.1　荷载—钢筋应变曲线对比

9 个试件通过 ABAQUS 模拟计算得到的荷载—钢筋应变曲线与实际试验所得的荷载-钢筋应变曲线如图 5.9 所示，承载力的模拟结果如表 5.4 所示。

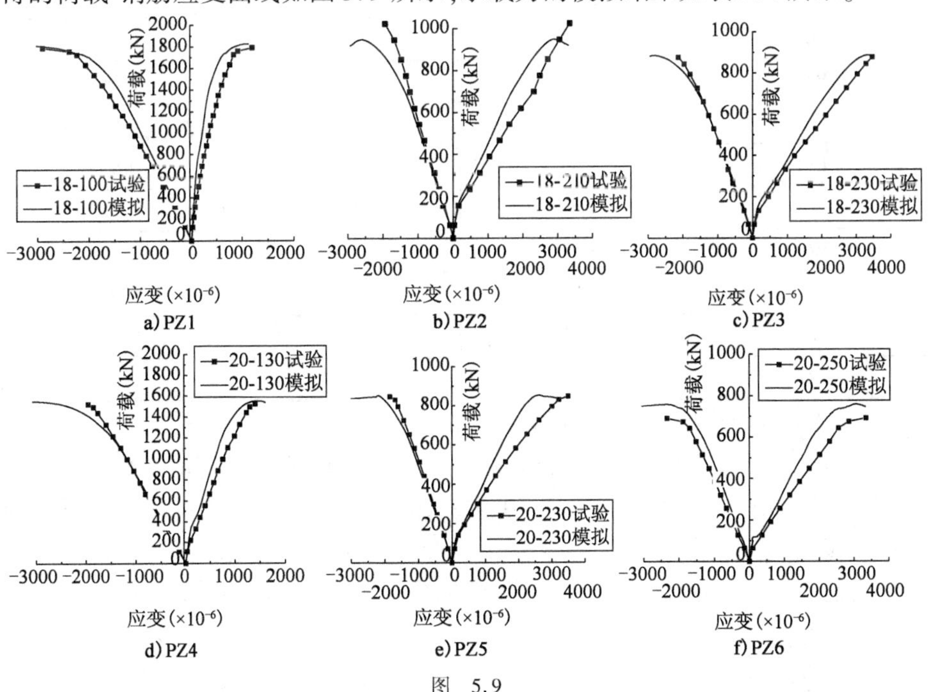

a) PZ1　b) PZ2　c) PZ3

d) PZ4　e) PZ5　f) PZ6

图　5.9

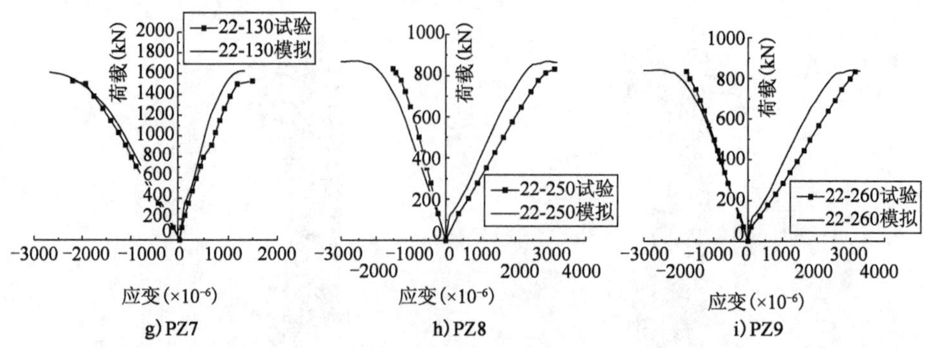

图 5.9 荷载-钢筋应变曲线

在钢筋混凝土偏心受压柱中,柱的受力性能受钢筋的影响较大,尤其是纵向受力钢筋;纵向受力钢筋的屈服通常是偏压柱承载能力和变形变化的特征点。图 5.9 给出了通过 ABAQUS 得到的荷载—钢筋应变曲线图,从图中可以看出模拟的三组小偏受压模型与试验最为接近,整体模拟情况较好,模拟得到的大偏心受压构件受拉钢筋均达到屈服。

承载力模拟结果与试验结果对比 表 5.4

构 件 编 号	N_1(kN)	N_2(kN)	N_1/N_2
PZ1	1791	1832	0.978
PZ2	1023	982	1.042
PZ3	878	897	0.979
PZ4	1521	1548	0.982
PZ5	848	830	1.022
PZ6	674	746	0.903
PZ7	1560	1626	0.959
PZ8	814	864	0.942
PZ9	834	838	0.995

注:N_1 表示实测承载力;N_2 表示模拟承载力。

由表 5.4 可以看出,模拟得到的极限荷载与试验值有较好的一致性,N_1 与 N_2 比值在 0.903 ~ 1.042,平均值为 0.978;由图 5.9 可以看出,有限元分析得到的荷载-钢筋应变曲线与试验曲线有较好的一致性,由图和表的分析可知,有限元分析能比较准确地模拟 HRB600 钢筋混凝土偏心受压柱的受力性能。

5.3.2.2 荷载-混凝土压应变曲线对比

9 个试件通过 ABAQUS 模拟得到的荷载—混凝土压应变曲线如图 5.10 所示。

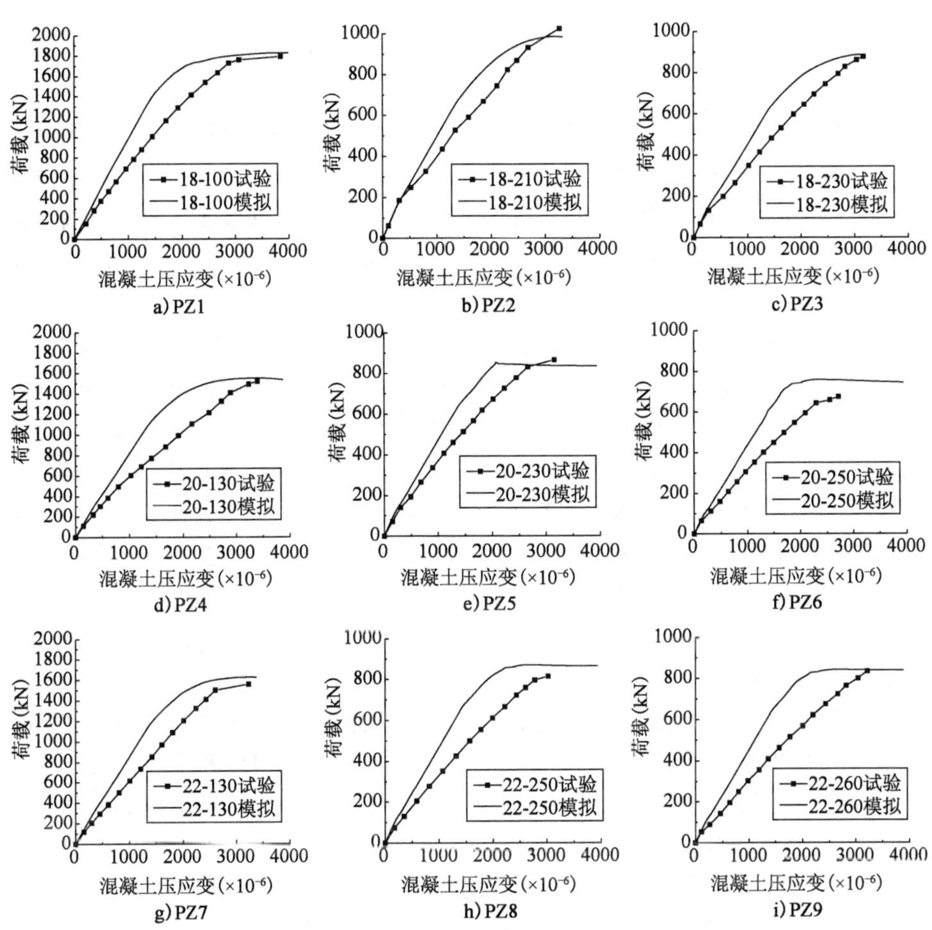

图 5.10　荷载-混凝土压应变曲线

由图 5.10 可以看出,同一荷载作用下,模拟得到的混凝土压应变值均小于试验值,模拟结果和试验结果存在一定差距,导致误差的原因可能有:①混凝土有非均质特性,加载前混凝土内部存在气泡、原始裂缝等,而 ABAQUS 定义混凝土是均质的各向同性材料。②有限元模拟中,钢筋和混凝土采用 embedded 方式相互作用,认为钢筋与混凝土有无穷大的黏结力,而实际中钢筋和混凝土间有黏结滑移作用。此外,试验中仪器设备等的误差,也会对试验结果有一定影响。综合来看,模拟曲线与试验曲线走势相似,模拟方法有待进一步深入研究。

5.4 结论

对 9 根配置 HRB600 钢筋的混凝土偏心受压柱进行试验研究,从荷载-挠度曲线、荷载-混凝土压应变曲线、荷载-钢筋应变曲线、弯矩-曲率曲线研究配筋率和偏心距对 HRB600 钢筋混凝土偏心受压柱的影响。根据承载力试验结果,研究 HRB600 钢筋混凝土柱偏心受压的承载力计算公式,基于 ABAQUS 有限元软件对试件进行模拟,得到以下结论:

(1)HRB600 钢筋混凝土偏压柱与普通钢筋混凝土偏压柱的破坏过程及破坏特点相同。大偏心受压时,受拉区产生横向裂缝,随着荷载的增加,裂缝不断开展,主裂缝逐渐明显,受拉侧钢筋屈服,中和轴上升,混凝土压区高度减小,受压侧混凝土压碎,试件破坏;小偏心受压时,离荷载较远侧也会产生裂缝,随着荷载增加,裂缝延伸较少,受压侧混凝土压碎,破坏突然。

(2)研究 HRB600 钢筋混凝土的荷载—挠度、荷载—混凝土应变、荷载—钢筋应变、弯矩—曲率曲线,柱中钢筋及混凝土强度能得到较充分发挥。偏心距不同,相同荷载作用下,试件挠度、受压区混凝土压应变、钢筋应变随偏心距的增大而增大;偏心距越大,曲线越平缓,破坏荷载值越小,最终挠度越大。配筋率不同,在相同荷载作用下,试件受压区混凝土压应变随配筋率的增大而减小;相同配筋率下,构件偏心距越大,抗弯承载力越低,构件弯曲越明显;相同配筋率下,小偏心受压构件曲率明显小于大偏心受压构件,小偏心构件的弯曲程度均小于配筋相同的的大偏心受压构件。

(3)HRB600 钢筋混凝土偏压柱承载力计算公式仍可沿用《混凝土结构设计规范》(GB 50010—2010)中的计算方法,按规范公式计算有很好的安全储备。本章建议取 HRB600 钢筋的抗拉强度设计值为 520MPa,抗压强度设计值为 435MPa。

(4)基于本章完成的 HRB600 钢筋混凝土偏心受压柱受力性能研究试验,采用 ABAQUS 对试验试件进行有限元分析,模拟得到的混凝土损伤形态、试件极限承载力、荷载—钢筋应变曲线、弯矩—曲率曲线与试验结果基本吻合,荷载—混凝土压应变曲线与试验结果符合较差,模拟方法有待深入探究。

6 HRB600 钢筋混凝土轴心受压柱受力性能研究

6.1 引言

为了研讨 HRB600 级钢筋在受压构件中抗压强度发挥的程度，本章通过配有 HRB600 级纵向受力高强钢筋混凝土轴心受压柱试件受力性能的试验，分析了加载方式、混凝土强度、纵筋配筋率及体积配箍率等因素对高强钢筋混凝土轴压柱受力性能的影响。提出在混凝土轴心受压构件中 HRB600 级高强钢筋抗压强度设计值。为混凝土结构设计规范局部或全面修订时列入 HRB600 级钢筋提供参考依据。

6.2 试验研究

6.2.1 试件设计

本试验共进行 5 组轴心受压柱试验，共 19 个构件。试验采用对称配筋，保护层 20mm，截面尺寸均为 150mm × 150mm，高度为 45 ~ 550mm，高宽比 3 ~ 3.67，符合短柱要求。每个构件端部各设间距 3 排钢筋网片，以防止局部破坏。C40 混凝土抗压强度实测值为 44.13MPa，C50 混凝土抗压强度实测值为49.3MPa。试件设计参数见表 6.1，试件尺寸及配筋情况见图 6.1。

轴心受压构件试验方案表　　表 6.1

试件编号	柱高 l(mm)	加载方式	混凝土强度等级	纵向钢筋			横向钢筋			配筋率 ρ_s(%)	配箍率 ρ_v(%)
				类别	根数	直径	类别	直径	间距		
A1	550	重复	C40	HRB600	4	8	HRB400	8	120	0.89	1.78
A2		重复			4	12				2.01	1.78
A3		单调			4	16				3.57	1.78
A4		重复			4	18				4.52	1.78
A5		单调			6	16				5.36	2.23

续上表

<table>
<tr><th rowspan="2">试件编号</th><th rowspan="2">柱高 l(mm)</th><th rowspan="2">加载方式</th><th rowspan="2">混凝土强度等级</th><th colspan="3">纵 向 钢 筋</th><th colspan="3">横 向 钢 筋</th><th rowspan="2">配筋率 ρ_s(%)</th><th rowspan="2">配箍率 ρ_v(%)</th></tr>
<tr><th>类别</th><th>根数</th><th>直径</th><th>类别</th><th>直径</th><th>间距</th></tr>
<tr><td>B1</td><td rowspan="5">550</td><td>重复</td><td rowspan="5">C50</td><td rowspan="5">HRB600</td><td>4</td><td>8</td><td rowspan="5">HRB400</td><td rowspan="5">8</td><td rowspan="5">120</td><td>0.89</td><td>1.78</td></tr>
<tr><td>B2</td><td>重复</td><td>4</td><td>12</td><td>2.01</td><td>1.78</td></tr>
<tr><td>B3</td><td>单调</td><td>4</td><td>16</td><td>3.57</td><td>1.78</td></tr>
<tr><td>B4</td><td>重复</td><td>4</td><td>18</td><td>4.52</td><td>1.78</td></tr>
<tr><td>B5</td><td>单调</td><td>6</td><td>16</td><td>5.36</td><td>2.23</td></tr>
<tr><td>C1</td><td rowspan="3">550</td><td>重复</td><td rowspan="3">C40</td><td>HRB400</td><td>4</td><td>8</td><td rowspan="3">HRB400</td><td>8</td><td>150</td><td>0.89</td><td>1.43</td></tr>
<tr><td>C2</td><td>重复</td><td rowspan="2">HRB500</td><td>4</td><td>16</td><td rowspan="2">8</td><td rowspan="2">120</td><td>3.57</td><td>1.78</td></tr>
<tr><td>C3</td><td>单调</td><td>6</td><td>16</td><td>5.36</td><td>2.23</td></tr>
<tr><td>D1</td><td rowspan="4">450</td><td>重复</td><td rowspan="4">C50</td><td rowspan="4">HRB600</td><td>4</td><td>8</td><td rowspan="4">HRB400</td><td rowspan="2">8</td><td rowspan="2">150</td><td>0.89</td><td>1.43</td></tr>
<tr><td>D2</td><td>重复</td><td>4</td><td>12</td><td>2.01</td><td>1.43</td></tr>
<tr><td>D3</td><td>单调</td><td>4</td><td>16</td><td rowspan="2">8</td><td rowspan="2">120</td><td>3.57</td><td>1.78</td></tr>
<tr><td>D4</td><td>单调</td><td>6</td><td>16</td><td>5.36</td><td>2.23</td></tr>
<tr><td>E1</td><td rowspan="2">550</td><td>单调</td><td>C40</td><td rowspan="2">—</td><td rowspan="2">—</td><td rowspan="2">—</td><td rowspan="2">—</td><td rowspan="2">—</td><td rowspan="2">—</td><td rowspan="2"></td><td rowspan="2"></td></tr>
<tr><td>E2</td><td>单调</td><td>C50</td></tr>
</table>

注:试件 A5、B5、C3、D4 的箍筋形式为日字形,其余试件的箍筋均为口字形。

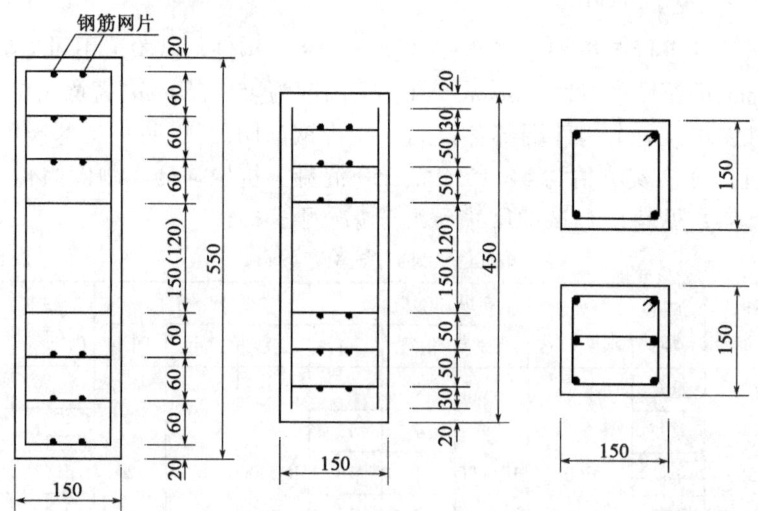

图 6.1　构件配筋图(尺寸单位:mm)

HRB600 钢筋的材料性能如表 6.2 所示。

钢筋材料力学性能实测值　表 6.2

钢筋级别	直径(mm)	屈服强度f_y(MPa)	极限强度f_u(MPa)	断后伸长率A(%)
HRB400	8	450.74	624.95	28.33
HRB500	16	518.07	687.50	25.42
HRB600	8	634.50	782.51	25.83
HRB600	12	638.83	788.02	20.56
HRB600	16	661.12	817.92	20.42
HRB600	18	700.79	875.90	20.37

6.2.2 加载方案

试验在 1000t 微机控制电液伺服压力试验机上进行。量测项目包括轴向荷载 N、4 个纵向变形以及钢筋和混凝土的应变,如图 6.2 所示。其中,在柱中位置对面布置两个位移计进行纵向变形的量测,标距为 $L/2$。另外,在试验装置的顶板与底板之间对角布置两个位移计,以采集 HRB600 级钢筋混凝土柱的轴向压缩位移。在纵向钢筋和柱侧面的中心部位粘有电阻应变片,以采集钢筋和混凝土的应变,试验荷载通过荷载传感器读取。所有数据均采用 DH3818 静态采集系统进行应变信号采集。

a) 加载装置

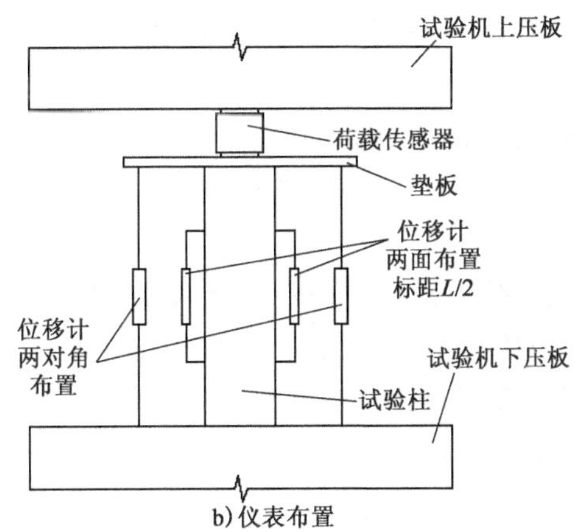

b) 仪表布置

图 6.2　加载装置及测试方案

在正式加载前,先进行预加载,预加载值约为计算极限荷载的 10%,使构件进入正常工作状态,使变形和荷载的关系趋于稳定,预加载时量测柱的 4 个侧面混凝土应变,并根据应变量测结果调整柱的位置,直至柱 4 个侧面混凝土的应变基本相等时再进行正式加载。

试验采用两种加载制度,均为力—位移控制。

(1)单调加载:先按荷载速率控制加载,每级荷载约为极限荷载的 10%,每级持荷 3min,加载达到承载力试验荷载计算值的 90% 左右或当钢筋屈服后,改由位移速率控制加载,直至试件破坏,荷载下降至最大荷载的 30% 左右,试验结束。

(2)重复加载:先按荷载速率控制加载,每级荷载约为极限荷载的 10%,每级持荷时间结束后,荷载卸至 0,再重新加载至下一级荷载。加载达到承载力试验荷载计算值的 90% 左右或当钢筋屈服后,改由位移速率控制加载,直至试件破坏,荷载下降至最大荷载的 30% 左右,试验结束。

6.2.3 试验结果及分析

6.2.3.1 试验现象

在加载初期试件处于弹性阶段,试件的变形较小,钢筋和混凝土的应变也较小,试件各个面没有明显的变化。随着轴力的增大,纵向钢筋和混凝土的应变也大致均匀地增长,当轴力增加到峰值荷载的 30% 左右时,试件的上、下两端开始出现细小的竖向裂缝。随着轴力的持续增大,端部竖向裂缝不断向试件中部延伸,新的竖向裂缝也开始在试件中部出现。当轴力接近峰值荷载时,能听到混凝土开裂的声音,试件表面裂缝开展明显,并且有贯通裂缝逐渐出现;达到峰值荷载时,试件表面混凝土保护层开始外鼓,角部混凝土开始出现剥落,此时混凝土达到峰值压应变,纵向钢筋已经或接近屈服;峰值荷载以后,试件承载力开始下降,受力钢筋基本全部屈服,混凝土保护层剥落严重,核心区混凝土压碎,试件破坏。

试验结果表明,HRB600 级钢筋混凝土轴压柱主要呈现出两种破坏形态:一种是纵向钢筋被压曲外凸,试件中部混凝土被压碎剥落而破坏,见图 6.3a);另一种是主裂缝面上混凝土被压碎,试件中部混凝土剥落严重,绝大多数纵筋能够屈服,见图 6.3b)。

6.2.3.2 混凝土应变分析

(1)加载方式的影响

图 6.4 绘制了 HRB600 级钢筋混凝土轴压在单调荷载作用下应力—应变曲线与重复荷载作用下应力—应变曲线包络线,用于比较两种曲线形状的异同。

a)钢筋压曲外凸

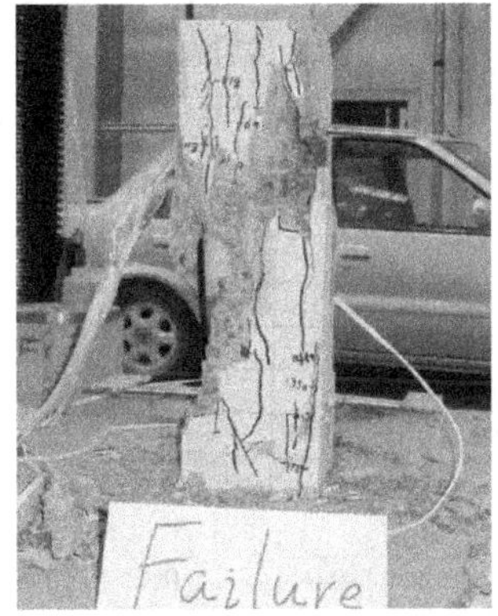

b)主裂缝面上混凝土被压碎

图 6.3 试件破坏形态

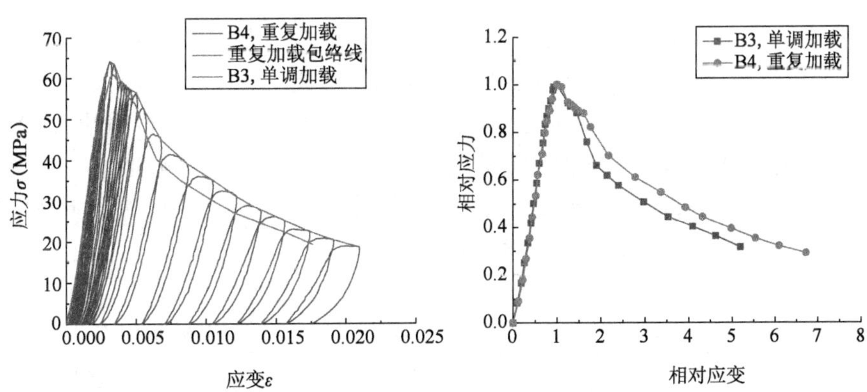

图 6.4 混凝土试件单调应力—应变曲线与重复应力—应变曲线包络线比较

从图 6.4 中不难看出,两条曲线的形状无明显区别,尤其曲线上升段近乎相同。比较两条曲线的下降段可发现:在应力-应变曲线的平缓段,重复荷载作用下试件的应力较单调荷载作用下的略高,这是因为混凝土试件破坏时裂缝发展较为严重,且重复压荷载对试件裂缝的发展具有一定的延缓作用。总之,混凝土在重复荷载作用下应力-应变加卸载曲线的包络线与单调荷载作用下的应力-应变全曲线基本一致。

(2)混凝土强度的影响

图 6.5a)和图 6.5b)分别表示混凝土强度对素混凝土试件和钢筋混凝土试

件应力-应变曲线的影响。

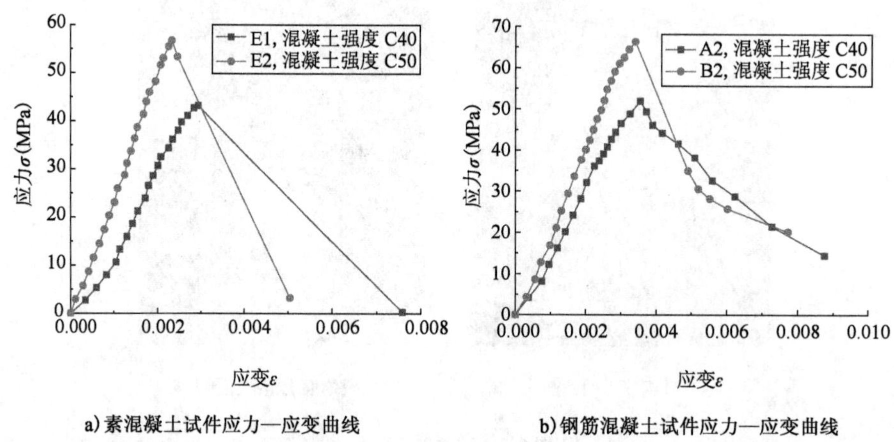

a) 素混凝土试件应力—应变曲线　　b) 钢筋混凝土试件应力—应变曲线

图 6.5　混凝土强度对试件应力-应变曲线的影响

从图 6.5a) 中可以看出,素混凝土试件的峰值应力随混凝土强度的提高而增大,受压峰值应变随混凝土强度增大而减小,且试件 E2(C50)峰值应变略大于 0.002,试件 E1(C40)峰值应变接近 0.003。从图 6.5b) 中可以看出,纵筋配筋率相同的试件峰值应力随混凝土强度的提高而增大,其受压峰值应变随混凝土强度增大而减小,比较图 6.5a)、b) 还能发现,相同强度的钢筋混凝土柱峰值应变明显大于相应素混凝土柱的峰值应变,且大于 0.003。

(3) 纵筋配筋率的影响

图 6.6 表示纵筋配筋率对混凝土强度相同试件应力-应变曲线的影响。

从图 6.6 中可以看出,试件峰值应力随纵筋配筋率增大而增大,钢筋混凝土试件峰值压应变明显大于素混凝土试件,纵筋配筋率对试件的峰值应变影响不明显;另外,与素混凝土试件相比,配筋混凝土试件应力-应变曲线下降段更为平缓,且配筋率越大越平缓,说明钢筋的配置提高了混凝土柱的延性,改善了混凝土柱的受力性能。

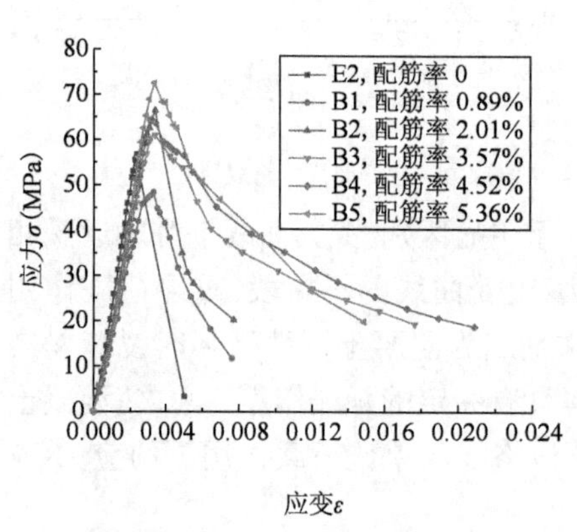

图 6.6　纵筋配筋率对试件应力-应变曲线的影响

(4)体积配箍率的影响

图 6.7 表示体积配箍率对试件应力-应变曲线的影响。

从图 6.7 可以看出,当混凝土强度和纵筋配筋率相同体积配箍率不同时,构件的峰值应力和峰值应变随着体积配箍率的提高而增大。

(5)钢筋强度的影响

图 6.8 表示钢筋强度对试件应力-应变曲线的影响。

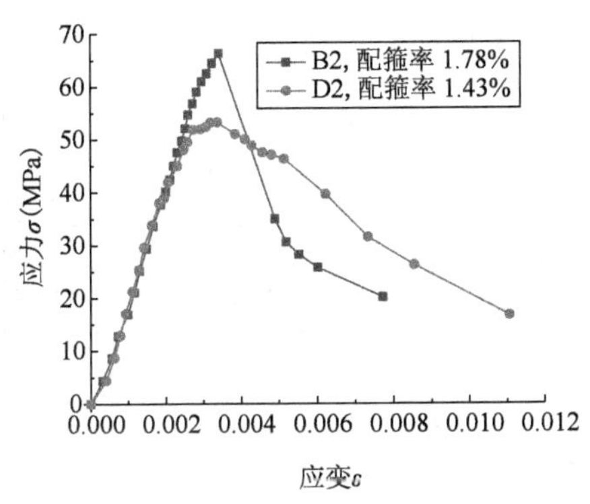

图 6.7　体积配箍率对试件应力-应变关系的影响

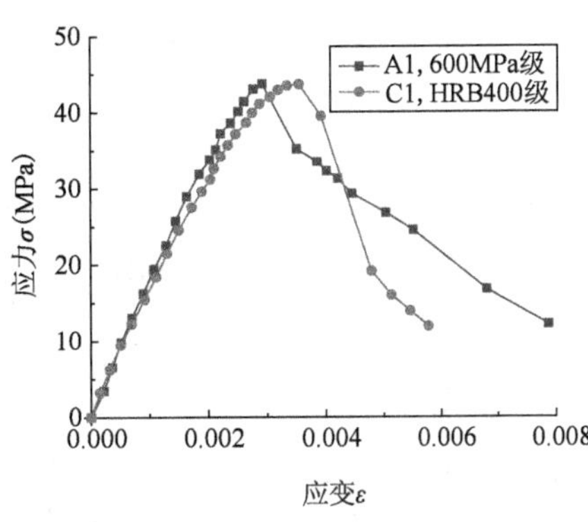

图 6.8　钢筋强度对试件应力-应变关系的影响

从图 6.8 可以看出,与配有 HRB400 钢筋的构件 C1 相比,配有 HRB600 钢筋的构件 A1 的峰值应变更小,且后期延性较好,而两者峰值应力相差不大。但对于改善混凝土柱延性性能而言,HRB400 钢筋略优于 HRB600 钢筋。

6.2.3.3 轴心受压承载力分析

《混凝土结构设计规范》(GB 50010—2010)中对钢筋混凝土轴心受压构件承载力计算公式为:

$$N_u = 0.9\varphi(f_c A + f'_y A'_s) \tag{6.1}$$

式中:N_u——轴向压力承载力设计值;

0.9——可靠度调整系数;

φ——混凝土轴心受压构件的稳定系数;

f_c——混凝土的轴心抗压设计值;

A——构件截面面积;

f'_y——纵向钢筋的抗压强度设计值;

A'_s——全部纵向钢筋的截面面积。

当纵向钢筋配筋率大于 3% 时,式(6.1)中的 A 应改为($A - A'_s$)。根据公式(6.1)可得到轴心受压柱的计算轴力,如表 6.3 所示。

轴心受压柱计算结果 表 6.3

试件编号	f_c(MPa)	f_y(MPa)	N_u(kN)	N_{u1}(kN)	N_{u2}(kN)	N_u/N_{u1}	N_u/N_{u2}
A1	29.51	634.5	984.67	712.39	462.78	1.382	2.128
A2	29.51	638.83	1168.67	857.68	557.78	1.363	2.095
A3	29.51	661.12	1224.00	1054.75	676.96	1.160	1.808
A4	29.51	700.79	1104.00	1212.53	754.03	0.910	1.464
A5	29.51	661.12	1242.67	1283.34	822.05	0.968	1.512
B1	31.9	634.5	1088.67	760.79	543.78	1.431	2.002
B2	31.9	638.83	1492.67	906.07	638.78	1.647	2.337
B3	31.9	661.12	1371.33	1101.42	755.06	1.245	1.816
B4	31.9	700.79	1444.67	1258.74	831.37	1.148	1.738
B5	31.9	661.12	1628.67	1329.14	898.70	1.225	1.812
C1	29.51	450.74	983.33	679.14	462.78	1.448	2.125
C2	29.51	518.07	1144.00	951.21	676.96	1.203	1.690
C3	29.51	518.07	1387.33	1128.02	822.05	1.230	1.688
D1	31.9	634.5	1048.67	760.79	543.78	1.378	1.928
D2	31.9	638.83	1199.33	906.07	638.78	1.324	1.878
D3	31.9	661.12	1321.33	1101.42	755.06	1.200	1.750
D4	31.9	661.12	1522.00	1329.14	898.70	1.145	1.694
E1	29.51	—	972.00	564.38	365.29	1.722	2.661
E2	31.9	—	1276.00	610.09	441.79	2.091	2.888

如表 6.3 所示,N_u 是试验过程中实际所测得的峰值荷载;N_{u1} 是按混凝土和钢筋实测强度计算得的峰值荷载;N_{u2} 是按混凝土强度的设计值及钢筋强度取 420N/mm^2 计算得到的峰值荷载。

可以看出,对于配置 HRB600 钢筋混凝土的受压构件(A、B 和 D 组共 14 个),根据混凝土实测强度值和钢筋屈服强度实测值,按公式(6.1)计算的峰值荷载 N_{u1} 与试验结果吻合较好,N_u/N_{u1} 比值的平均值 $\mu = 1.252$、变异系数

$\delta=0.183$；根据混凝土强度的设计值及钢筋强度取 420N/mm^2 带入公式(6.1)计算得到峰值荷载 N_{u2}，N_u/N_{u2} 比值的平均值 $\mu=1.854$、变异系数 $\delta=0.227$，说明按现行规范规定的轴心受压构件承载力公式来计算具有一定的安全储备。

而且，以钢筋混凝土构件的压应变达到峰值压应变为控制条件，得到 HRB600 钢筋抗压屈服强度设计值为 $f'_y=\varepsilon_0\times E\geqslant420$MPa，说明取值偏于安全。建议 HRB600 钢筋的抗压屈服强度设计值取 420N/mm^2。

6.3　仿真分析

有限元是一种近似求解的数值方法，它是通过既定的网格划分，将所研究的连续整体分为若干离散单元，单元之间又通过共享的节点相互联系成连续整体，综合分析各离散单元的组合体。复杂问题简单化、宏观问题微观化是有限元的基本思路。显然，影响它的精度的因素有很多，比如划分网格数量越多，有限元法计算精度越高。由于许多工程实践问题并非需要得到精确解，有限元法计算精度能够满足要求，所以有限元法是解决工程问题常用的方法。

6.3.1　模型建立过程

创建部件：在 Part 板块中，根据模型的实际尺寸建立混凝土、纵向钢筋和横向水平箍筋的模型。混凝土为三维实体部件，钢筋为三维线性部件。

定义属性和截面：根据 ABAQUS 所提供的混凝土损伤塑性模型以及钢筋的拉拔试验得到的数据，在 Property 模块中输入混凝土本构关系及损伤因子和钢筋的本构关系。分别赋予混凝土、纵向钢筋、横向水平箍筋的截面面积，之后赋予各部件截面与之对应的材料本构关系

装配部件：在 Assembly 模块中，将各个部件定义为非独立实体，并将钢筋骨架合并为一个整体部件。

定义分析步：为与试验加载方式保持一致，在模拟加载过程中，也需要按照荷载控制转到后期位移控制的顺序进行加载。在 Step1 中施加轴向压力，并且通过设置幅值的方法，实现每一级荷载的加载和卸载。在 Step2 中对加载端进行位移控制下的位移加载，在 Step3 中对加载端进行位移控制下的荷载卸载。

定义相互作用：模型装配完成后，确保各个部件的几何位置已经被准确定

位,但是各部件之间是没有相互作用的,故应在相互作用模块里对模型进行定义。柱截面上部及底部参考点与柱截面采用耦合方式,钢筋笼与混凝土之间采用嵌入方式。在模型柱底端施加位移约束(固定约束),并将柱子底面运动和一个约束控制点 RP1 的运动约束在一起,即耦合约束,这样有利于分析结果的输出;顶端同样建立一个参考点 RP2,以便轴向位移荷载的施加。

定义荷载:在 Step1 中通过对柱顶控制点 RP1 施加荷载控制下的轴向压力。在 Step2 中对 RP1 点进行位移控制下的位移加载,每级位移增量为 0.001m,当加载至目标值时,在 Step3 中对 RP1 点进行位移控制下的荷载卸载,并通过设置幅值为 0 的方法,实现把荷载卸载至 0,并产生残余变形。然后重复操作,直到荷载下降至 30% 峰值荷载。

网格划分:采用四面体网格进行划分,网格划分尺寸为 20mm,计算结果能够满足精度要求。有限元模型具体见图 6.9。混凝土采用的 8 节点减缩积分格式的三维实体单元,也就是 C3D8R 单元。纵筋及箍筋采用的 2 节点三维桁架单元,也就是 T3D2 单元。

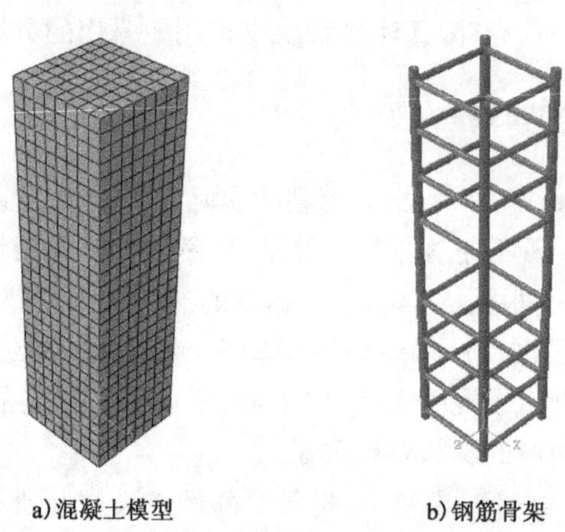

a)混凝土模型　　b)钢筋骨架

图 6.9　ABAQUS 有限元模型及网格划分

6.3.2　模型结果分析

6.3.2.1　混凝土等效塑性应变云图

部分模拟试件在荷载达到峰值荷载时的混凝土等效塑性应变云图,如图 6.10所示。

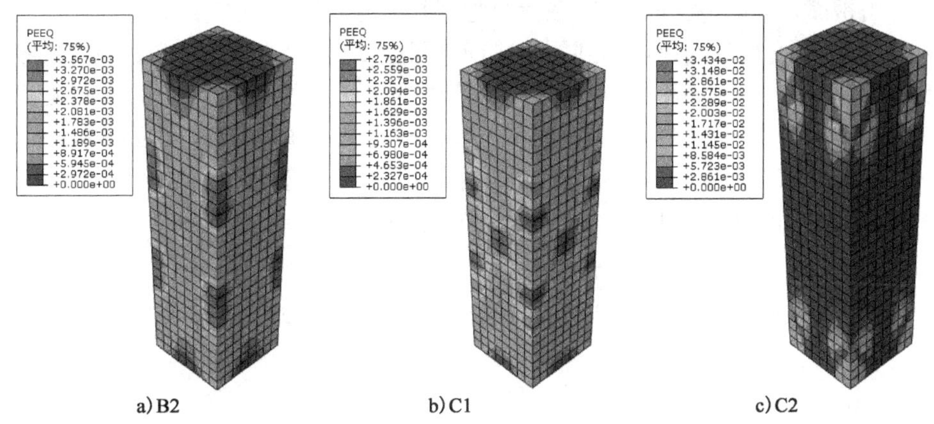

图 6.10 混凝土等效塑性应变

由图 6.10 可知,在试件加载至峰值荷载时,可明显看出柱中部区域有较大的等效塑形应变,表明柱中位置发生了较严重的破坏。而配筋率较大的 C2 试件,则显示在端部区域发生了较大的等效塑性变形,而柱中部分相对较小、破坏较轻。同时,配筋率较大试件的最大塑性应变也比配筋率较小的试件要大,说明提高纵筋的配筋率可以增大试件等效塑性应变,利于能量的耗散。且试件 C2 等效塑性应变较大,在荷载达到峰值荷载时破坏相对较轻,后期延性相对较好,这与试验破坏特征描述基本一致。

6.3.2.2 钢筋骨架应力云图

部分模拟试件在荷载达到峰值荷载时的钢筋骨架应力云图,如图 6.11 所示。

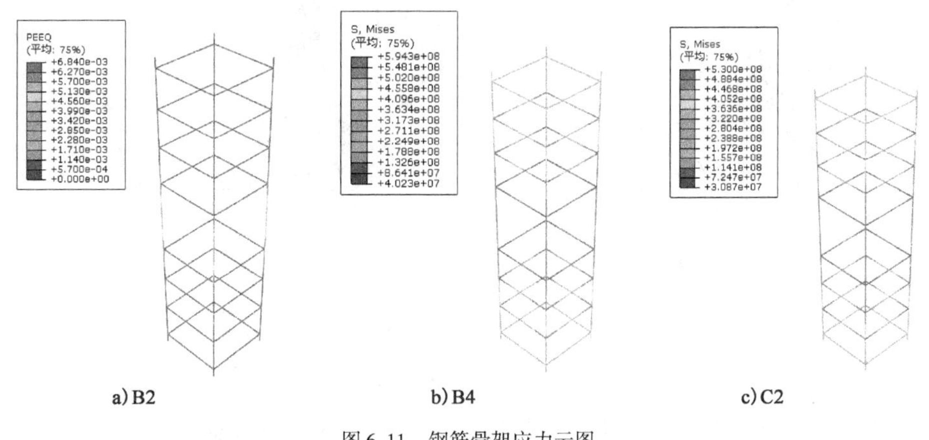

图 6.11 钢筋骨架应力云图

由钢筋骨架应力云图可知，在荷载达到峰值荷载作用时，钢筋笼整体所承受荷载明显增大，试件的纵筋达到屈服或即将屈服，应力相差不多。观察柱中部纵筋应力，明显大于纵筋两端应力，由于箍筋的约束作用相对薄弱，而且会伴随纵筋外曲。其中，在荷载达到峰值荷载时，模拟试件 B4 的钢筋应力达到 590MPa，柱中纵筋并未屈服，而在峰值过后，处于下降段时才迅速屈服。这种情况更容易出现在配筋率较大的试件中，与试验数据分析相一致。

6.3.2.3　荷载—位移曲线

部分试件荷载—位移曲线模拟与试验对比如图 6.12 所示。

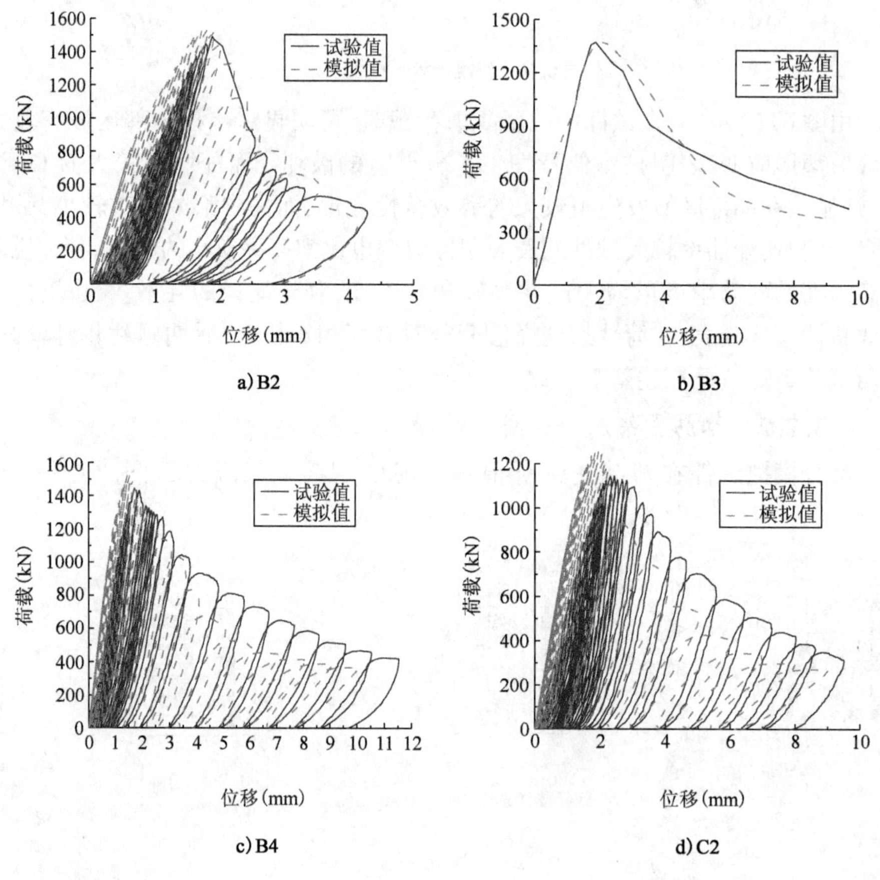

图 6.12　荷载—位移曲线对比

图 6.12 分别为 4 个试件在实际轴压试验下的荷载—位移曲线与 ABAQUS

模拟下的对比。从总体上看,两组曲线模拟吻合较好,模拟曲线能捕捉到试验曲线大部分轮廓。不足之处是结构模拟滞回曲线不够饱满。原因在于实际试验中,虽然混凝土裂缝在每一次重复加载的过程中都在延展,但是随着每一级荷载的卸载,裂缝会收缩闭合,轴压柱的刚度会有一定程度的恢复,但是在有限元软件中,使用的是混凝土损伤塑性模型,当此单元受到超过该单元的强度时,软件认定其破坏,将不再承受力的作用,因此曲线不如试验饱满。

6.3.2.4　峰值荷载与峰值位移

ABAQUS 模拟分析所得的外包络线是由连接模拟荷载—位移曲线中每一循环上的峰值点连线得到的,如图 6.13 所示,模拟分析与试验外包络线上峰值荷载及峰值位移的对比误差情况如表 6.4 所示。

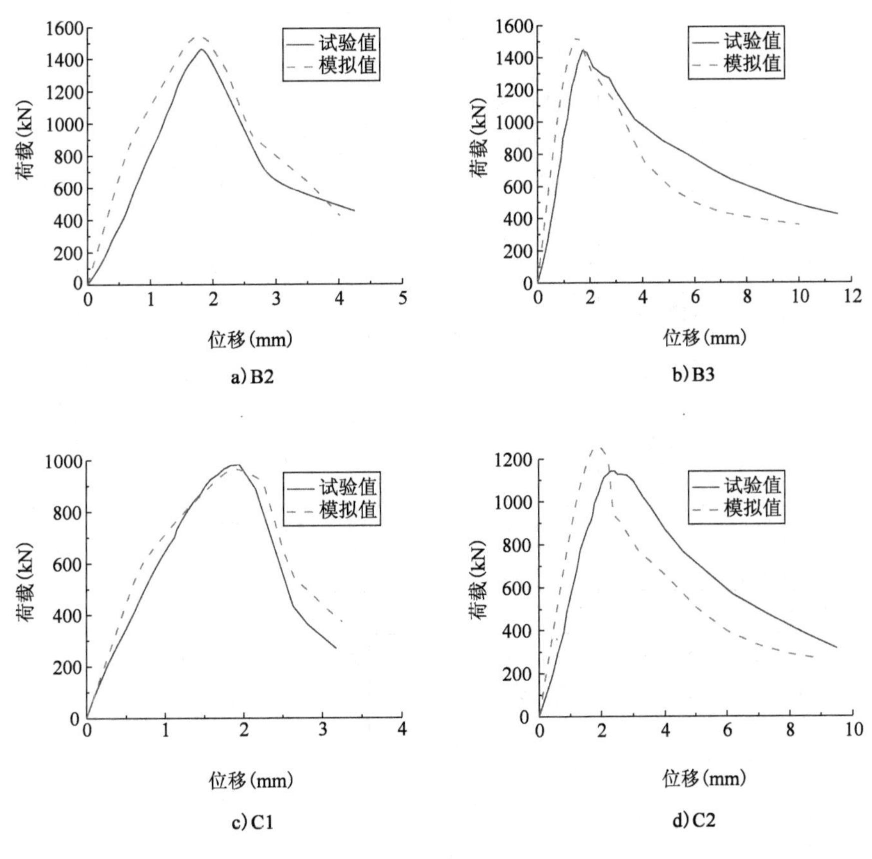

图 6.13　外包络线对比

峰值荷载及峰值位移对比 表 6.4

试件编号		峰值荷载(kN)	峰值位移(mm)	试件编号		峰值荷载(kN)	峰值位移(mm)
A1	模拟值	1032.12	1.43	C1	模拟值	965.29	1.95
	试验值	984.67	1.61		试验值	983.33	1.95
	差值	4.82%	11.18%		差值	1.83%	0.51%
A2	模拟值	1350.44	1.93	C2	模拟值	1258.28	1.93
	试验值	1168.67	1.95		试验值	1144.00	2.42
	差值	15.55%	1.03%		差值	9.99%	20.25%
A3	模拟值	1195.81	2.48	C3	模拟值	1409.30	1.69
	试验值	1224.00	2.48		试验值	1387.33	1.97
	差值	2.30%	0.40%		差值	1.58%	14.21%
A4	模拟值	1094.58	1.34	D1	模拟值	1060.93	1.63
	试验值	1104.00	1.79		试验值	1048.67	1.56
	差值	0.85%	25.14%		差值	1.17%	4.49%
A5	模拟值	1320.47	1.87	D2	模拟值	1208.07	1.63
	试验值	1242.67	2.45		试验值	1199.33	1.52
	差值	6.26%	23.67%		差值	0.73%	7.24%
B1	模拟值	1185.63	1.85	D3	模拟值	1386.50	1.47
	试验值	1088.67	1.82		试验值	1321.33	1.43
	差值	8.91%	1.65%		差值	4.93%	2.80%
B2	模拟值	1543.00	1.82	D4	模拟值	1581.62	1.42
	试验值	1492.67	1.88		试验值	1522.00	1.52
	差值	3.37%	3.19%		差值	3.92%	6.58%
B3	模拟值	1370.37	2.08	E1	模拟值	987.01	1.75
	试验值	1371.33	1.87		试验值	972.00	1.62
	差值	0.07%	11.23%		差值	1.54%	8.02%
B4	模拟值	1528.60	1.55	E2	模拟值	1350.59	1.19
	试验值	1444.67	1.71		试验值	1276.00	1.28
	差值	5.81%	9.36%		差值	5.85%	7.03%
B5	模拟值	1708.00	1.56				
	试验值	1628.67	1.85				
	差值	4.87%	15.68%				

模拟分析与试验所测得的荷载-位移外包络线整体吻合较好，且从表 6.4 可看出试件与模拟峰值荷载基本上吻合，但所对应的峰值位移却存在一定差距，有限元模型加载初期刚度较大，原因可能有以下几个方面：

(1)材料的影响。在实际试验中，混凝土是一种非线性不均匀的材料，难免会出现气泡孔隙，而在有限元软件中，假定混凝土是各向均质连续的，不存在孔隙。

(2)约束问题。在实际试验中，轴压柱直接放置在试验机上，约束不可能是完全铰接或者固接，但在 ABAQUS 中，是能够约束任何方向位移的理想约束。

(3)泊松比的影响。ABAQUS 在计算时假定混凝土的泊松比是固定不变的，而实际上，泊松比随着混凝土的开裂会逐渐增大。

6.3.3 拓展研究

在 ABAQUS 有限元模拟模型具有一定计算精度的前提下，有必要在试验探究的混凝土强度、纵向配筋率和体积配箍率之余，探索其他因素对钢筋混凝土轴压柱力学性能的影响。由于试验没有完全相同的两个试件分别在单调荷载和重复荷载作用下的对比，本节针对加载方式的改变，在 A1 和 C2 试件的基础上通过施加单调荷载来进行相应的模拟。

模拟所得的极限状态下混凝土塑性应变云图对比如图 6.14 所示，模拟所得的荷载－位移曲线对比如图 6.15 所示。

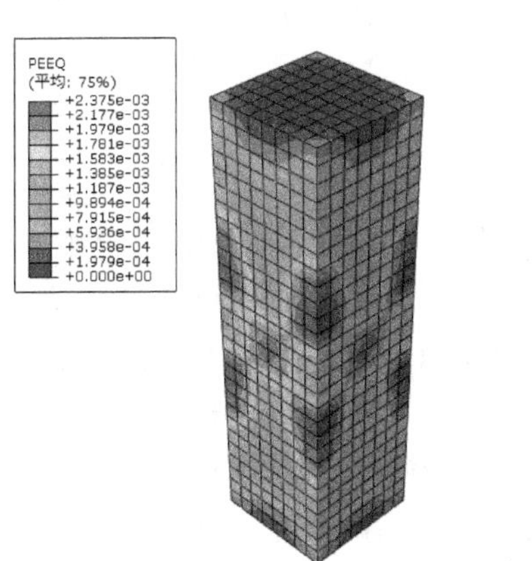

a)单调荷载作用下A1试件塑性应变云图

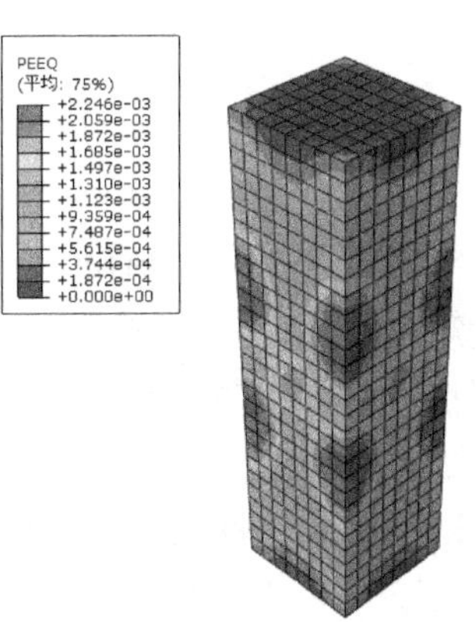

b)重复荷载作用下A1试件塑性应变云图

图 6.14

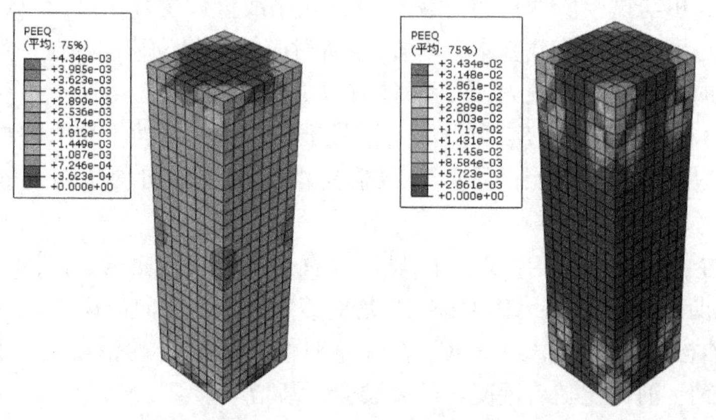

c) 单调荷载作用下C2试件塑性应变云图　　d) 重复荷载作用下C2试件塑性应变云图

图 6.14　混凝土塑性应变云图

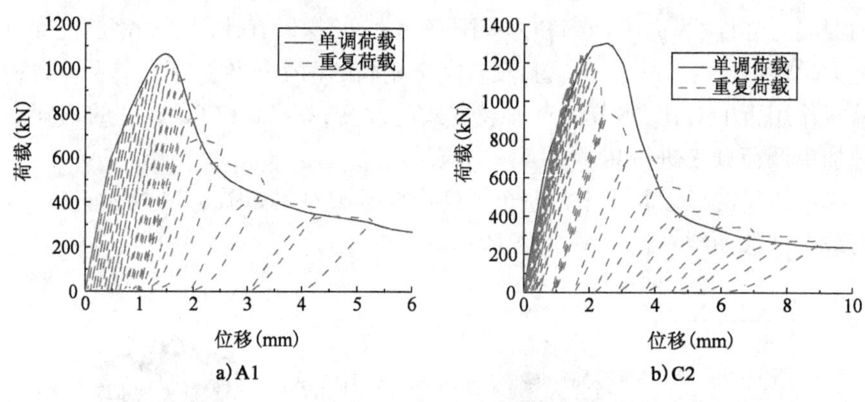

a) A1　　b) C2

图 6.15　荷载-位移曲线对比

由图 6.14 可知，在试件加载至峰值荷载时，试件在单调荷载和重复荷载作用下的混凝土塑性应变云图分布并无差别，最大塑性应变相差也不大，单调荷载作用下试件的塑性应变稍大一些，单调荷载作用下试件 A1 和试件 C2 分别较重复荷载下大 5.7% 和相差 26.6%。

由表 6.5 可知，试件在单调荷载作用下的峰值荷载和峰值位移要比重复荷载作用下要大一些，但差别不大，大部分都在 10% 以内。由图 6.15 可知，试件在单调荷载和重复荷载作用下的荷载—位移曲线整体趋势走向大致相同。上升段几乎完全重合，在峰值点稍有差别。而对于下降段：试件在单调荷载作用下的下降段曲线前期承载力下降要更快，而在后期保持平稳下降；试件在重复荷载作用下的下降段曲线则一直保持平稳下降,延性相对较好。而试件在单调荷载和重复荷载作用下的两条下降段曲线的交点一般交于峰值荷载的 60% 附近处,即试件在单调荷载作用下,下降段曲线在下降到 60% 峰值荷载前比较陡,显现出明显的脆性,而在 60% 峰值荷载后,曲线才逐渐平缓。

峰值荷载及峰值位移对比 表 6.5

试件编号	峰值荷载(kN)	峰值位移(mm)	
A1	重复荷载	1032.12	1.43
	单调荷载	1063.51	1.46
	差值	3.04%	2.10%
C2	重复荷载	1258.28	1.93
	单调荷载	1303.50	2.53
	差值	3.59%	31.09%

6.4 结论

对 19 根钢筋混凝土柱进行轴压试验,研究加载方式、混凝土强度、纵筋配筋率以及配箍率对 600MPa 级钢筋混凝土轴压柱力学性能的影响。分析不同工况下试件的破坏形态、混凝土峰值应变、钢筋受力变形情况以及荷载—位移曲线。基于试验,使用有限元软件 ABAQUS 对 600MPa 级钢筋混凝土轴压柱试件进行模拟分析,并补充分析加载方式对试件轴压性能的影响。得出以下结论:

(1)在轴向重复荷载作用下,600MPa 级钢筋混凝土柱的应力—应变外包络曲线与单调荷载作用下的应力—应变曲线趋势大致相同,但曲线后期略有差别;随纵筋配筋率的增大,轴压试件的峰值应变会增大,但当配筋率过大时,反而会下降。

(2)配置 600MPa 级钢筋混凝土受压试件的承载力可按《混凝土结构设计规范》(GB 50010—2010)规定的公式计算,计算结果偏于安全,具有一定的安全储备。在轴心受压构件中当采用 600MPa 级钢筋时,钢筋的抗压强度设计值建议取为 $420N/mm^2$。

(3)利用 ABAQUS 有限元软件对试件进行模拟,通过混凝土等效塑形应变云图和钢筋骨架应力云图来描述试件破坏特征,轴压柱破坏形态与试验破坏特征基本相符;荷载-位移曲线整体上拟合较好。

7 高强钢筋高韧性混凝土框架节点试验

7.1 引言

在地震作用下,节点是框架中最容易破坏的部位,受力比较复杂,破坏的主要类型有柱端破坏、梁端剪切破坏、节点核心区剪切破坏以及梁端塑性铰破坏。我国现行规范《建筑结构抗震设计规范》(GB 5001—2010)对框架节点提出了“强柱弱梁,强节点弱构件”的抗震设计准则。国内外经验表明,只有保证梁柱节点有足够的整体性,才能保证框架具有良好的抗震性能。

推广高性能材料在建筑结构中使用的前提是保证其具有足够的强度,并且应具有足够的变形能力。而高强混凝土抗拉强度低,且具有更大的脆性,致使高强混凝土构件截面减小,截面配筋率加大,这点在节点核心区表现尤为显著,从而导致施工困难。高强钢筋的出现,能够避免钢筋拥挤,易于施工以及保证混凝土浇筑质量;同时,减小构件的质量,节约资源,符合当代绿色建筑节能减排的思想。但是,高强钢筋高强混凝土试件存在裂缝宽度大等问题,如果结构或构件由正常使用阶段的裂缝和挠度控制,则钢筋用量不会减少。

钢纤维与高强混凝土的结合形成了高韧性混凝土,有效解决了高强混凝土抗拉强度低、延性差等问题。高韧性混凝土具有比普通纤维混凝土更强的韧性、更大的延性、更高的抗拉强度和更好的耐久性,不仅在性能上对传统混凝土有很大突破,而且在节约资源、能源,改善劳动条件,改善环境方面亦有十分重大的意义。与高强钢筋配合,可以有效解决高强钢筋混凝土构件裂缝宽以及延性差的问题,从而能够充分发挥两种材料的性能优势,形成高性能的结构。然而HRB600高强钢筋高韧性混凝土梁柱节点的抗震性能研究在国内还处于空白阶段,因此很有必要对高强钢筋高韧性混凝土梁柱节点的抗震性能进行深入研究。

7.2 高强钢筋高韧性混凝土框架节点试验

7.2.1 试验目的

节点区域是框架结构主要传力枢纽,由于其承受和传递梁端弯矩、剪力以及柱子的轴力,使自身处于最不利的受力状态,因此成为框架最薄弱的环节。改善框架结构节点的抗震性能已引起许多学者的关注。高韧性混凝土具有比普通混凝土更强的韧性、更大的延性、更高的抗拉强度和更好的耐久性,与高强钢筋配合,可以有效解决高强钢筋混凝土构件裂缝宽以及延性差的问题,从而能够充分发挥两种材料的性能优势,形成高性能的结构,还可有效地解决建筑结构中“肥梁胖柱”的问题,增加建筑使用面积,因此提出采用高强钢筋、高韧性混凝土两种绿色材料,对高强钢筋高韧性混凝土节点开展系统研究。通过对高强钢筋高韧性混凝土框架边节点和中节点以及未增强的节点进行低周往复试验,对比分析其抗震性能,研究使用高韧性混凝土进行增强的措施对高强钢筋高强混凝土节点抗震性能的影响,以及高韧性混凝土的使用范围对核心区抗震性能的影响。

7.2.2 试件设计

7.2.2.1 试件参数

本章设计 8 个试件,柱高 2.8m,柱截面尺寸为 350mm × 350mm,梁截面尺寸 $b \times h = 250\text{mm} \times 400\text{mm}$。混凝土强度均为 C55,纵筋采用 HRB600 级钢筋,箍筋采用 HRB400 级钢筋。冷拔钢丝切断型钢纤维掺入体积率为 1.2%,掺入高强混凝土中形成高韧性混凝土,JZ 表示中间节点、JB 表示边节点。其中,试件 JZ-P1 和 JB-P1 没有采用高韧性混凝土进行增强,试件 JZ-Q1 和 JB-Q1 仅在节点核心区采用高韧性混凝土增强,JZ-Q2 和 JB-Q2 在节点核心区延伸至梁中 350mm(1 倍有效梁高)范围采用高韧性混凝土增强,JZ – Q3 和 JB – P3 在节点核心区延伸至梁中 550mm(1.5 倍有效梁高)范围内采用高韧性混凝土增强。具体试件设计参数见表 7.1。

7.2.2.2 试件配筋

根据《混凝土结构设计规范》(GB 50010—2010)和《建筑抗震设计规范》(GB 50011—2010)规定,保证在低周反复荷载作用下,梁端纵筋先达到屈服,最后构件在不同的位移延性下发生不同种类的失稳,配筋图见图 7.1。

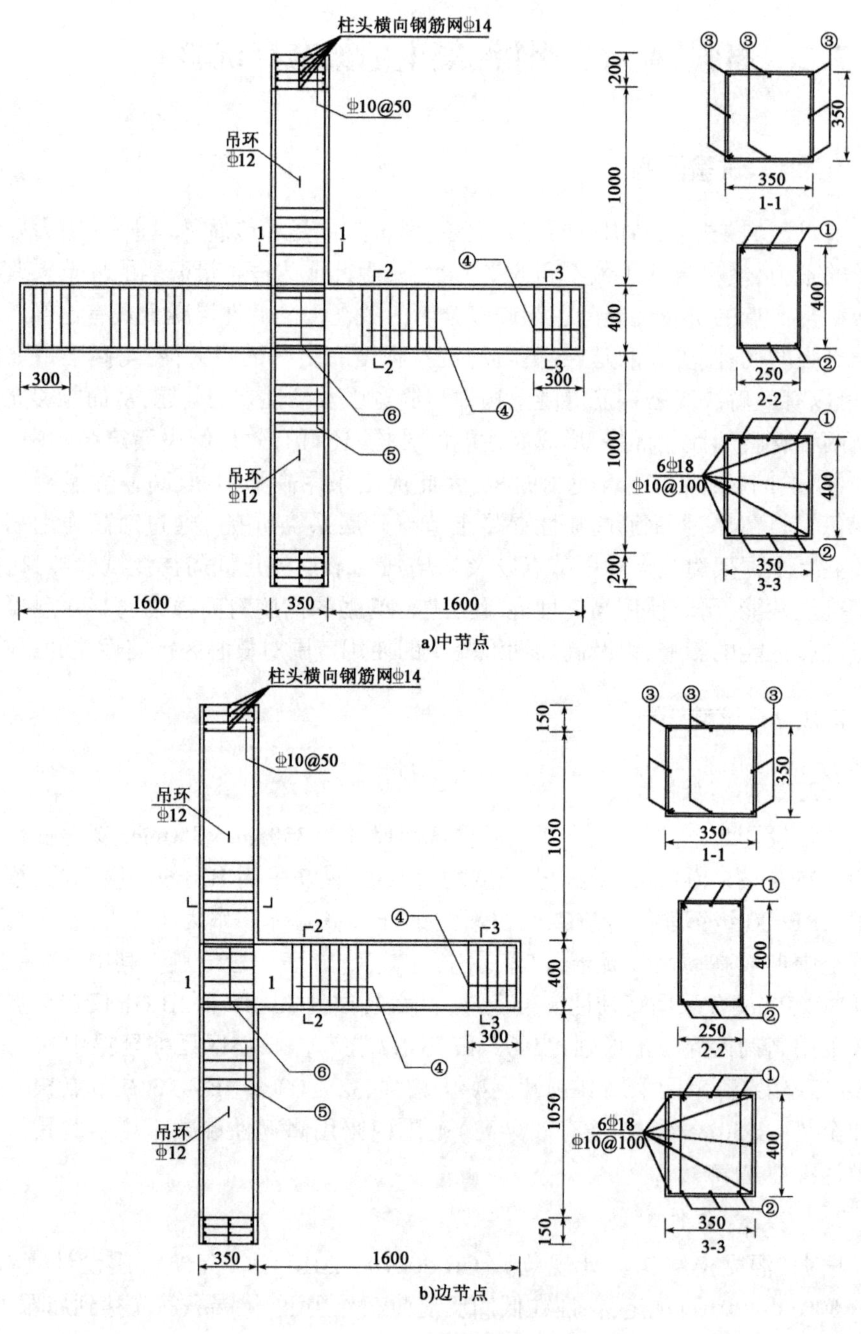

柱头横向钢筋网φ14
φ10@50
吊环
φ12
1
1
2
3
④
300
300
⑥
⑤
④
1600
350
1600
200
1000
400
1000
200
③
③
③
350
350
1-1
①
400
②
250
2-2
6φ18
φ10@100
①
400
②
350
3-3
a)中节点
柱头横向钢筋网φ14
φ10@50
吊环
φ12
2
3
④
1
1
⑥
⑤
④
300
350
1600
150
1050
400
1050
150
③
③
③
350
350
1-1
①
400
②
250
2-2
6φ18
φ10@100
①
400
②
350
3-3
b)边节点

图 7.1　试件配筋图

试件设计参数　　表 7.1

试件名称	轴压比	剪压比	梁筋①②	柱配筋③	箍筋④⑤	节点配箍量⑥	节点加强措施
JZ-P1	0.2	0.205	3E18	3E25	D10@100	7D10	—
JZ-Q1	0.2	0.205	3E18	3E25	D10@100	7D10	核心区
JZ-Q2	0.2	0.205	3E18	3E25	D10@100	7D10	核心区延伸至梁中 350mm
JZ-Q3	0.2	0.205	3E18	3E25	D10@100	7D10	核心区延伸至梁中 550mm
JB-P1	0.12	0.205	6E18	3E25	D10@100	7D10	—
JB-Q1	0.12	0.205	6E18	3E25	D10@100	7D10	核心区
JB-Q2	0.12	0.205	6E18	3E25	D10@100	7D10	核心区延伸至梁中 350mm
JB-Q3	0.12	0.205	6E18	3E25	D10@100	7D10	核心区延伸至梁中 550mm

注：E 代表 HRB600 钢筋；D 代表 HRB400 钢筋。

7.2.2.3 材料主要性能

试件梁柱纵筋为 HRB600 级钢筋、箍筋为 HRB400 级钢筋，依据《金属材料拉伸试验　第 1 部分：温室试验方法》(GB/T 228.1—2010) 规定，在钢筋下料前，需要截取长度为 300mm 不同种类钢筋各 3 根，分别做拉伸试验，测得钢筋实测强度平均值如表 7.2 所示。

钢筋力学性能指标　　表 7.2

钢筋等级	钢筋直径(mm)	屈服强度(MPa)	极限强度(MPa)	弹性模量(GPa)
HRB400	10	521.99	696.39	2.18
HRB400	18	471.81	623.18	2.26
HRB400	20	530.26	638.54	2.32
HRB600	18	635.47	785.04	2.12
HRB600	25	619.76	784.03	2.23

高韧性混凝土的制备方法是将一种端钩形剪切钢纤维按 1.2% 的体积百分掺量加入到混凝土配合比中，该钢纤维的长度为 30mm，长径比为 60，抗拉强度约为 1000MPa。框架节点试件的混凝土采用强度等级为 C55 的商品混凝土，混凝土保护层厚度为 25mm。浇筑时，先浇筑节点核心区混凝土，然后再浇筑构件

其他部位。对于采用高韧性混凝土增强的构件,需要在模板内部进行分区,试件 JZ-Q1 在核心区四周插入挡板,试件 JZ-Q2 在由核心区延伸至梁 350mm 处插入挡板,试件 JZ-Q3 在由核心区延伸至梁 550mm 处插入挡板,对其分成的区域逐一进行浇筑,采用人工振捣和振捣棒相结合的方式进行振捣使其密实,待振捣完之后,抽出挡板,使其混合。试件达到一定强度后拆模,进行人工浇水养护。混凝土浇筑时,分别预留 3 组每组 3 个边长为 150mm 的高强混凝土、高韧性混凝土立方体试块,3 个 100mm × 100mm × 300mm 的高强混凝土、高韧性混凝土棱柱体试块以及预留 3 组每组 3 个 100mm × 100mm × 400mm 的高韧性混凝土试块,标明编号、浇筑时间、批次等详细情况,并与节点试件在同等条件下养护。当到达养护龄期 28 天后,根据《普通混凝土力学性能试验方法标准》(GB/T 50081—2002)规定方法测得的混凝土力学性能指标见表 7.3。根据 ASTM 和 JCI 标准计算弯曲韧性指标,按照《纤维混凝土结构技术规程》(CECS38—2004)计算弯曲韧度比。测得高韧性混凝土的等效弯曲强度平均值为 4.5MPa,弯曲韧性比为 0.82。

节点混凝土力学性能指标 表 7.3

混凝土强度等级	立方体抗压强度(MPa)	轴心抗压强度(MPa)	轴心抗拉强度(MPa)	弹性模量(GPa)
普通混凝土 C55	55.4	35.44	2.96	35.4
高韧性混凝土 C55	55.1	35.05	2.96	35.3

7.2.3 试验加载方案

7.2.3.1 加载装置

拟静力加载试验常用的加载方式有柱端加载和梁端加载。柱端加载方式是在柱上端安置千斤顶,在柱端同时施加恒定轴力及交变水平力。此种情况将节点上柱反弯点边界条件视为水平可移动的铰,下柱反弯点边界条件则视为固定铰,梁端反弯点边界条件视为水平可移动的铰,这样的边界条件比较符合节点在地震作用下的实际受力状态。梁端加载方式是在柱上端施加恒定轴力,将千斤顶分别安置在梁两端,在梁上施加低周往复荷载。此种情况将节点上下柱反弯点边界条件视为固定铰,梁端边界条件则视为自由端。此种加载方案可简化加载,常用于研究对象为梁端塑性铰和节点核心区的试验研究。本次试验试件均采用梁端加载方式。试验加载装置分别如图 7.2 和图 7.3 所示。

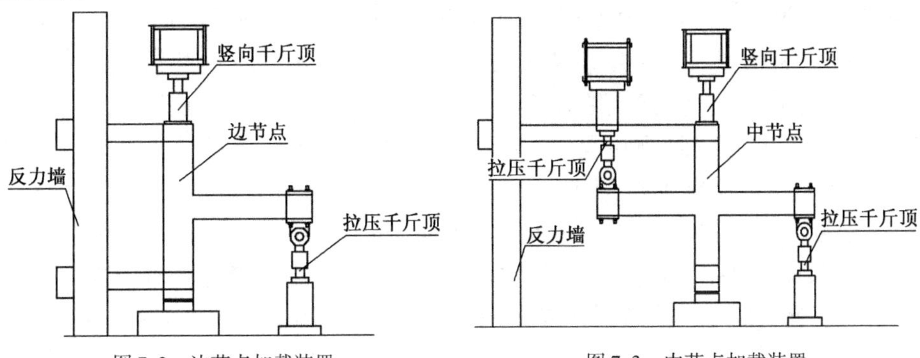

图 7.2　边节点加载装置　　　　图 7.3　中节点加载装置

7.2.3.2　加载制度

试验采用拟静力加载的加载方案。各构件在试验加载过程中，首先在柱顶施加恒定的竖向轴压力，并保持不变。在加载柱顶荷载期间，通过观察柱纵筋应变的变化，确定柱顶加载位置是否对中，然后由拉压千斤顶在梁端施加往复作用荷载。试验采用荷载—位移联合控制的加载制度，如图 7.4 所示。在试件屈服前采用荷载控制，按正向加载、正向卸载、反向加载、反向卸载为一个完整的加载循环，每级荷载循环一次，各级之间以 20kN 为级差递增，直到试件屈服。试件屈服后以位移控制进行加载，每级循环加载三次，级差为一倍屈服位移，直到荷载下降到最大荷载的 85%，认为试件已经破坏，停止加载。

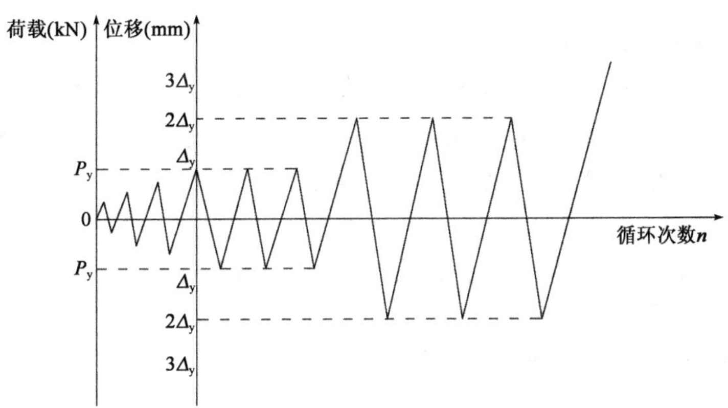

图 7.4　加载制度

7.2.4　模型制作

在制作试验构件之前，首先对设计所需钢筋在相应测点处按规定方法粘贴应变片。钢筋粘贴应变片方式分为两种，一种是开槽贴片，另一种是打磨贴片。

梁纵筋采用开槽贴片的方式，在梁纵筋测点范围内，沿钢筋纵肋开出一条宽 5mm、深 3mm 的槽，应变片规格是 2mm × 3mm 的电阻应变片，确保阻值为 120Ω。柱纵筋及箍筋均采用打磨贴片的方式，在钢筋测点位置利用角磨机打磨出小平面，所贴应变片规格是 3mm × 5mm 的电阻应变片，同样确保其阻值为 120Ω。然后进行钢筋绑扎，由监理人员根据施工图纸进行现场监督，保证钢筋数量、型号、位置的准确无误。钢筋绑扎结束之后，测试粘贴在钢筋上的应变片电阻，确保其阻值在 120Ω 左右，灵敏系数 2.15，然后用塑料薄膜对应变片上平行线头进行包扎，以免浇筑时水渗入到导线内部。接着进行模板支护，最后混凝土浇筑，此时需注意由于节点核心区箍筋较密，为了振捣密实，先浇筑节点核心区，再浇筑其他部位。

7.2.5 量测内容

量测的主要内容有梁端荷载位移值、梁柱纵筋应变、梁柱箍筋应变、节点核心区的剪切变形值等，下面对其进行具体讨论。

(1)节点核心区及柱端梁端的裂缝开展情况

试验开始前，用白石灰浆粉刷试件裂缝面，画 5cm × 5cm 方格网。试验时，借助放大镜观测各加载阶段的裂缝，记录和描绘裂缝开展情况，对其开展情况进行记录和描绘。采用裂缝测量卡量测裂缝宽度，实时拍摄主要工况下裂缝的开展情况。

(2)梁端荷载位移值

梁端荷载由连在梁端千斤顶上的荷载传感器来记录，梁端位移由架在梁两端的位移计来记录，通过 DH3816 实时采集梁端的荷载和位移值，最终得到荷载—位移滞回曲线、骨架曲线以及耗能能力等抗震性能指标。

(3)钢筋应变片布置

为了分析矩形柱试件节点箍筋垂直受力方向和平行受力方向箍支在不同受力阶段的受力状态，节点箍筋在平行受力方向和垂直受力方向上各取一肢，在每肢中部粘贴应变片，具体应变片位置见图 7.5。

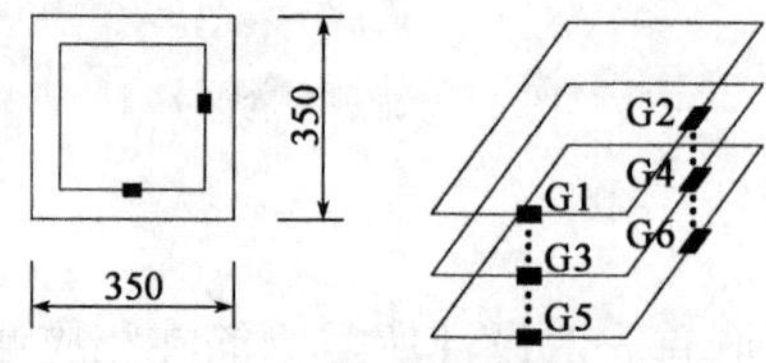

图 7.5 应变片位置(尺寸单位:mm)

7.3　高强钢筋高韧性混凝土框架节点受力性能试验分析

7.3.1　试验现象

框架梁柱中节点和梁柱边节点试件破坏形态分别如图 7.6 和图 7.7 所示。

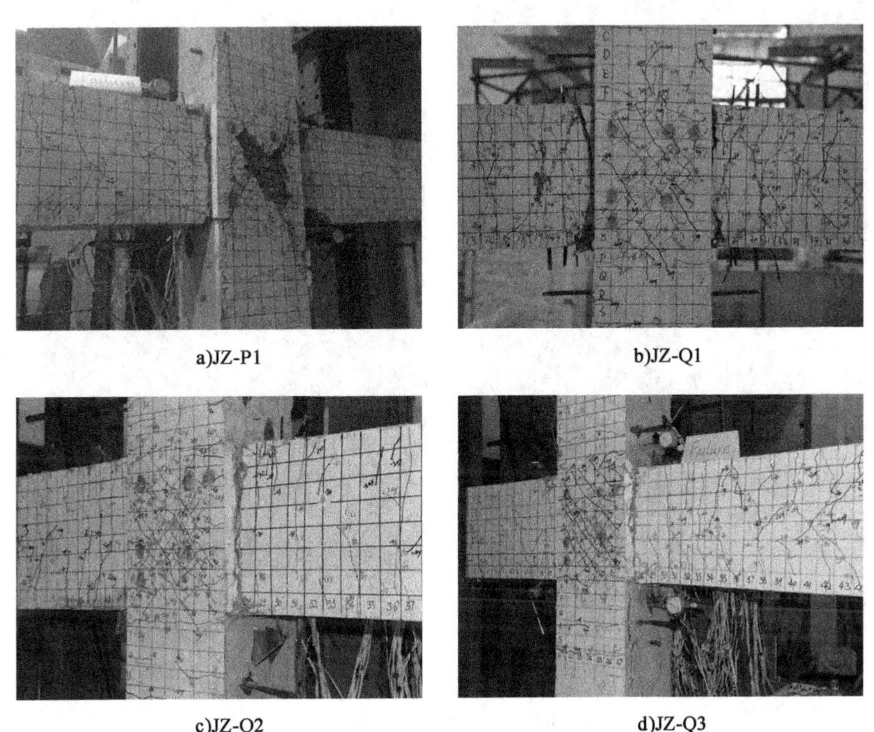

a)JZ-P1　b)JZ-Q1　c)JZ-Q2　d)JZ-Q3

图 7.6　中节点破坏形态

试件 JZ-P1：当梁端荷载加载至 20kN 时，试件梁端出现一条竖向弯曲裂缝；当梁端荷载加至 50kN 时，梁端又出现五条弯曲裂缝，在侧梁端出现贯通斜裂缝；当梁端荷载加至 55kN 时，核心区出现一条斜向裂缝；当梁端荷载加至 Δ_y 时，节点核心区出现七条斜裂缝，形成两条贯通斜裂缝，最大裂缝宽度为 0.24mm；当加载至反向 Δ_y 时，节点核心区又出现五条斜裂缝，与原有斜裂缝形成两条交叉的 X 形裂缝；随着加载的不断进行，当加载至 $2\Delta_y$ 时，节点核心区有十多条斜裂缝延伸，形成贯通的斜裂缝，形成五条交叉斜裂缝，最大斜裂缝宽度

0.79mm,梁端的竖向弯曲裂缝不断出现并延伸扩展;当加载至 $3\Delta_y$ 时,核心区部分混凝土保护层起皮,节点核心区混凝土沿斜向掉渣脱落,出现交叉的 X 形混凝土脱落缝,当加载至破坏时,节点核心区大概 25% 保护层混凝土均已脱落,节点核心区箍筋全部外露。

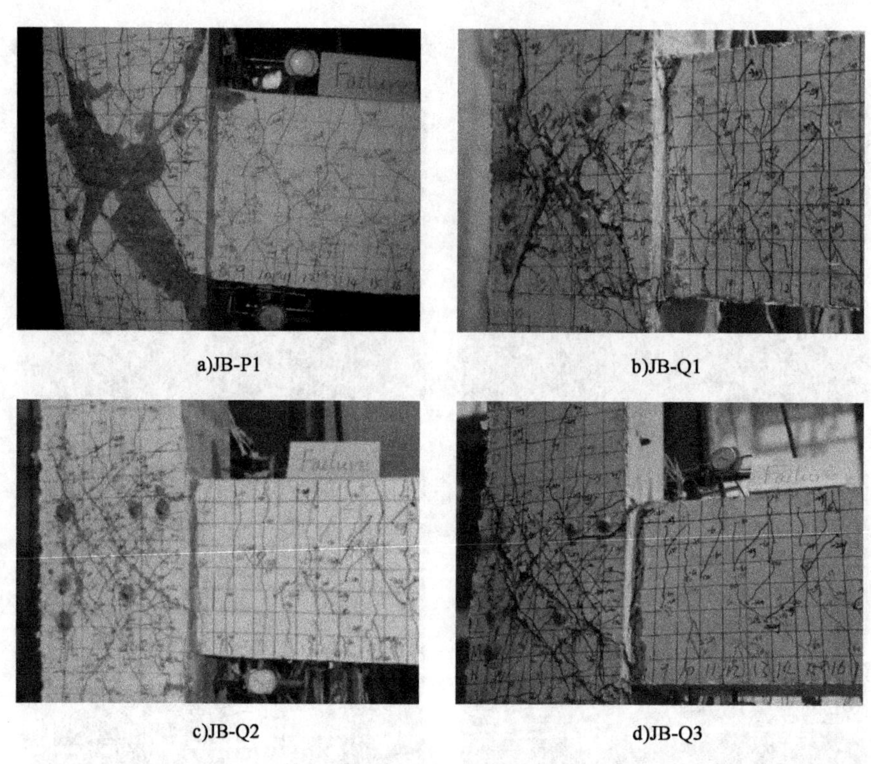

a)JB-P1　b)JB-Q1

c)JB-Q2　d)JB-Q3

图 7.7　边节点破坏形态

试件 JZ-Q1:当梁端荷载加载至 20kN 时,试件左梁端出现一条竖向弯曲裂缝,右梁端出现一条竖向弯曲裂缝;当梁端荷载加至 40kN 时,左梁端出现十一条竖向弯曲裂缝,右梁端出现十条竖向弯曲裂缝,左右梁端均形成贯通的竖向裂缝;当梁端荷载加至 60kN 时,节点核心区出现一条斜裂缝,左右梁端出现新裂缝并有裂缝延伸;当加载至反向 60kN 时,节点核心区出现一条斜裂缝,与原有斜裂缝形成一条交叉的 X 形裂缝;当梁端荷载加至 80kN 时,节点核心区出现八条斜裂缝,原有斜裂缝不断延伸扩展,形成两条交叉 X 形裂缝,梁端又有新的弯曲裂缝出现;随着加载的不断进行,当加载至 Δ_y 时,节点核心区斜裂缝及梁端弯曲裂缝继续延伸,节点核心区出现十四条斜裂缝,形成五条交叉斜裂缝;当加载

至 $2\Delta_y$ 时，节点核心区有多条斜裂缝延伸，形成贯通的斜裂缝，形成七条交叉斜裂缝，梁端的竖向弯曲裂缝不断出现并延伸扩展；当加载至 $3\Delta_y$ 时，节点核心区斜裂缝继续出现并延伸扩展，形成九条交叉斜裂缝，最大斜裂缝宽度为0.45mm，梁端的竖向弯曲裂缝不断出现并延伸扩展，梁柱交接处梁端混凝土起皮脱落；当加载至破坏时，梁柱交接处混凝土严重脱落。

试件 JZ-Q2：当梁端荷载加载至 40kN 时，试件节点核心区出现一条斜裂缝，左梁端出现六条竖向弯曲裂缝，右梁端出现六条竖向弯曲裂缝；当梁端荷载加至 60kN 时，节点核心区出现六条斜裂缝，左右梁端均出现新裂缝并有裂缝延伸；当加载至反向 60kN 时，节点核心区出现十条斜裂缝，与原有斜裂缝形成四条交叉的 X 形裂缝；当梁端荷载加至 80kN 时，节点核心区出现十五条斜裂缝，原有斜裂缝不断延伸扩展，形成七条交叉 X 形裂缝，梁端又有新的弯曲裂缝出现；随着加载的不断进行，当加载至 Δ_y 时，节点核心区斜裂缝及梁端弯曲裂缝继续延伸，节点核心区又出现十九条斜裂缝，形成九条交叉斜裂缝，最大斜裂缝宽度 0.85mm；当加载至 $2\Delta_y$ 时，节点核心区有多条斜裂缝延伸，形成贯通的斜裂缝，形成十二条交叉斜裂缝，梁端的竖向弯曲裂缝不断出现并延伸扩展，最大斜裂缝宽度 0.95mm；当加载至 $3\Delta_y$ 时，节点核心区斜裂缝继续出现并延伸扩展，形成十二条交叉斜裂缝，最大斜裂缝宽度为 1.0mm，梁端的竖向弯曲裂缝不断出现并延伸扩展，核心区部分混凝土保护层起皮；当加载至 $4\Delta_y$ 时，节点核心区混凝土起皮脱落，梁柱交接处混凝土沿竖向掉渣脱落，当加载至破坏时，节点核心区有大概 2% 的保护层混凝土脱落，梁柱交接处混凝土小块脱落。

试件 JZ-Q3：当梁端荷载加载至 40kN 时，试件出现五条竖向弯曲裂缝及一条斜裂缝，右梁端出现四条竖向弯曲裂缝；当梁端荷载加至 60kN 时，节点核心区出现两条斜裂缝，左右梁端继续出现新裂缝并有裂缝延伸；当加载至反向 60kN 时，节点核心区出现三条斜裂缝，与原有斜裂缝形成一条交叉的 X 形裂缝；当梁端荷载加至 80kN 时，节点核心区出现十三条斜裂缝，原有斜裂缝不断延伸扩展，形成六条交叉 X 形裂缝，梁端又有新的弯曲裂缝出现，节点核心区最大斜裂缝宽度为 0.05mm；随着加载的不断进行，当加载至 Δ_y 时，节点核心区斜裂缝及梁端弯曲裂缝继续延伸，节点核心区出现十八条斜裂缝，形成八条交叉斜裂缝，最大斜裂缝宽度为 0.15mm；当加载至 $2\Delta_y$ 时，节点核心区有多条斜裂缝延伸，形成贯通的斜裂缝，形成十二条交叉斜裂缝，梁端的竖向弯曲裂缝不断出现并延伸扩展；当加载至 $3\Delta_y$ 时，节点核心区斜裂缝继续出现并延伸扩展，左右梁端的竖向弯曲裂缝继续延伸扩展，节点核心区部分混凝土保护层起皮；当加载至 $4\Delta_y$ 时，节点核心区混凝土掉渣脱落，梁柱交接处混凝土也掉渣脱落，当加载至破坏时,节点核心区有大概 4% 的保护层混凝土脱落,梁柱交接处混凝土严重脱落。

JB-P1 试件:当梁端荷载加载至 40kN 时,在普通钢筋高强混凝土框架节点试件 JB-P1 的梁端出现五条竖向弯曲裂缝;当梁端荷载加至 60kN 时,梁端出现七条竖向弯曲裂缝,竖向弯曲裂缝均有延伸;当梁端荷载加至反向 80kN 时,梁端形成多条竖向弯曲裂缝和斜向裂缝,且裂缝延伸形成贯通的竖向裂缝;当加载至反向 100kN 时,节点核心区出现三条斜裂缝,与原有斜裂缝形成一条交叉的 X 形裂缝;当梁端荷载加至 140kN 时,节点核心区出现多条斜裂缝,原有斜裂缝不断延伸扩展,形成三条交叉 X 形裂缝,梁端又有新的弯曲裂缝出现,节点核心区最大斜裂缝宽度为 0.1mm;随着加载的不断进行,当加载至 Δ_y 时,节点核心区斜裂缝及梁端弯曲裂缝继续延伸,节点核心区又出现两条斜裂缝,形成五条交叉斜裂缝,最大缝宽 0.3mm;当加载至 $2\Delta_y$ 时,节点核心区有十多条斜裂缝延伸,形成贯通的斜裂缝,形成八条交叉斜裂缝,最大斜裂缝宽度 0.6mm,梁端的竖向弯曲裂缝不断出现并延伸扩展;当加载至 $3\Delta_y$ 时,两端裂缝继续延伸,混凝土掉渣,节点核心区混凝土严重开裂,大部分起皮;当加载至 $4\Delta_y$ 时,构件破坏,节点核心区大概 43% 保护层混凝土均已脱落,出现交叉的 X 形混凝土脱落缝。

JB-Q1 试件:当梁端荷载加载至 40kN 时,在高强钢筋纤维增强混凝土框架节点试件 JB-Q1 的梁端出现五条竖向弯曲裂缝;当梁端荷载加至 60kN 时,梁端出现十条竖向弯曲裂缝,竖向弯曲裂缝延伸,一条裂缝延伸形成贯通的竖向裂缝;当梁端荷载加至 100kN 时,梁端出现四条竖向弯曲裂缝,竖向弯曲裂缝延伸,节点核心区出现三条斜裂缝,两条横向裂缝;当梁端荷载加至 120kN 时,节点核心区出现多条斜裂缝,原有斜裂缝不断延伸扩展,形成三条交叉 X 形裂缝,梁端又有新的弯曲裂缝出现,节点核心区最大斜裂缝宽度为 0.05mm;随着加载的不断进行,当加载至 Δ_y 时,节点核心区斜裂缝及梁端弯曲裂缝继续延伸,节点核心区又出现三条斜裂缝,形成五条交叉斜裂缝,形成一条贯通的斜裂缝;当加载至 $2\Delta_y$ 时,节点核心区有十多条斜裂缝延伸,形成七条交叉斜裂缝,最大斜裂缝宽度 0.23mm,梁端的竖向弯曲裂缝不断出现并延伸扩展;当加载至 $3\Delta_y$ 时,核心区部分混凝土保护层起皮,节点核心区混凝土沿斜向掉渣脱落,出现交叉的 X 形混凝土脱落缝,当加载至破坏时,节点核心区有大概 9% 保护层混凝土均已脱落,节点核心区箍筋全部外露。

JB-Q2 试件:当梁端荷载加载至 20kN 时,在高韧性混凝土增强的高强钢筋混凝土框架节点试件 JB-Q2 的梁端没有出现弯曲裂缝;当梁端荷载加至 60kN

时，节点核心区出现一条斜裂缝，梁端出现十六条竖向弯曲裂缝，竖向裂缝延伸；当梁端荷载加至80kN时，节点核心区出现两条斜裂缝，梁端又有新的弯曲裂缝出现；当加载至反向80kN时，节点核心区出现三条斜裂缝，与原有斜裂缝形成一条交叉的X形裂缝，梁端裂缝延伸形成贯通的竖向裂缝；当梁端荷载加至120kN时，节点核心区出现十多条斜裂缝，原有斜裂缝不断延伸扩展，形成八条交叉X形裂缝，梁端又有新的弯曲裂缝出现，节点核心区最大斜裂缝宽度为0.1mm；随着加载的不断进行，当加载至Δ_y时，节点核心区斜裂缝及梁端弯曲裂缝继续延伸，节点核心区又出现五条斜裂缝，形成十一条交叉斜裂缝，最大斜裂缝宽度0.2mm；当加载至$2\Delta_y$时，节点核心区又出现六条斜裂缝，原有斜裂缝不断延伸扩展，形成贯通的斜裂缝，形成十三条交叉斜裂缝，最大斜裂缝宽度0.75mm，梁端的竖向弯曲裂缝不断出现并延伸扩展；当加载至$3\Delta_y$时，节点核心区混凝土沿斜向掉渣脱落，当加载至破坏时，节点核心区延斜向裂缝掉渣脱落较严重，节点核心区有大概4%保护层混凝土均已脱落。

JB-Q3试件：当梁端荷载加载至40kN时，在高韧性混凝土增强的高强钢筋混凝土框架节点试件JB-Q3的梁端出现两条竖向弯曲裂缝；当梁端荷载加至80kN时，节点核心区出现一条斜裂缝，梁端出现十五条竖向裂缝，原有裂缝延伸形成贯通的竖向裂缝；当加载至反向80kN时，节点核心区出现一条斜裂缝，与原有斜裂缝形成一条交叉的X形裂缝；当梁端荷载加至120kN时，节点核心区出现多条斜裂缝，原有斜裂缝不断延伸扩展，形成四条交叉X形裂缝，梁端又有新的弯曲裂缝出现，节点核心区最大斜裂缝宽度为0.03mm；随着加载的不断进行，当加载至Δ_y时，节点核心区斜裂缝及梁端弯曲裂缝继续延伸，节点核心区又出现六条斜裂缝，形成六条交叉斜裂缝，最大斜裂缝宽度0.35mm；当加载至$2\Delta_y$时，节点核心区有多条斜裂缝延伸，形成贯通的斜裂缝，形成十条交叉斜裂缝，最大斜裂缝宽度1.1mm，梁端的竖向弯曲裂缝不断出现并延伸扩展，核心区部分混凝土保护层起皮；当加载至$3\Delta_y$时，节点核心区混凝土沿斜向掉渣脱落，当加载至破坏时，节点核心区有大概9%保护层混凝土均已脱落。

综合分析上述试件的破坏特征可以发现：在初裂阶段，随着往复荷载的不断增大，梁端受拉区出现弯曲裂缝，节点核心区出现对角交叉斜裂缝。其中，未增强的试件JZ-P1和JB-P1裂缝宽度较大，增强的节点裂缝宽度较小。随着荷载的不断增加，裂缝不断延伸发展成为贯通裂缝，增强节点核心区裂缝有X形交叉裂缝形成，未增强的节点试件核心区裂缝数量较少，开裂后裂缝迅速贯通。而增强节点试件核心区裂缝数量较多，且均匀分布，宽度较小，由斜向裂缝发展成为水平弯曲裂缝，这是由于钢纤维的掺入使高强混凝土成为高韧性混凝土，这种复合材料的强度和弹性模量等性能是复合体内各种成分性能的弹性叠加，从而增加其强度和弹性刚度，使裂缝分布更为均匀，发展更为缓慢。当节点破坏时，梁柱交界处和节点核心区大部分混凝土脱落，核心区出现交叉的 X 形混凝土脱落缝，且箍筋全部外露。而采用高韧性混凝土增强的试件，梁柱交界处混凝土保护层裂而不碎，节点核心区出现交叉多条 X 形斜裂缝，几乎没有混凝土脱落。故采用高韧性混凝土增强的试件破坏形态得到了明显的改善。对比 JZ-Q1、JZ-Q2 和 JZ-Q3，JB-Q1、JB-Q2 和 JB-Q3，JZ-Q2 和 JB-Q2 节点核心区最大裂缝宽度最小，核心区混凝土脱落面积较小，且其梁柱交界处破坏最轻，表明在节点核心区及 1 倍有效梁高范围内采用高韧性混凝土进行增强对节点的改善能力最佳。

7.3.2 箍筋应变

根据试验测得的框架梁端荷载及梁端有效加载长度，利用式(7.1)计算节点剪力：

$$V_j = \frac{\eta_{jb} \sum M_b}{h_{b0} - a'_s}\left(1 - \frac{h_{b0} - a'_s}{H_c - h_b}\right) \tag{7.1}$$

式中：η_{jb}——节点剪力增大系数；

M_b——梁端弯矩；

h_{b0}、h_b——梁截面有效高度、截面高度；

H_c——节点上柱和下柱反弯点之间的距离；

a'_s——梁纵向受压钢筋合力点至截面近边的距离。

框架节点的剪压比按式(7.2)计算：

$$\gamma = \frac{V_j}{f_c b_j h_j} \tag{7.2}$$

式中：γ——剪压比；

f_c——混凝土轴心抗压强度；

b_j、h_j——节点核心区验算截面宽度和高度。

在框架梁柱节点核心区箍筋位置粘贴电阻应变片，测量主要受力阶段节点核心区的箍筋应变，节点核心区箍筋应变片布置情况如图 7.5 所示。由于节点核心区各层箍筋应变在主要受力工况下相差不大，取中间箍肢应变进行分析。

框架梁柱中节点及边节点试件沿受力方向及垂直受力方向的中间箍肢应变如图7.8所示。

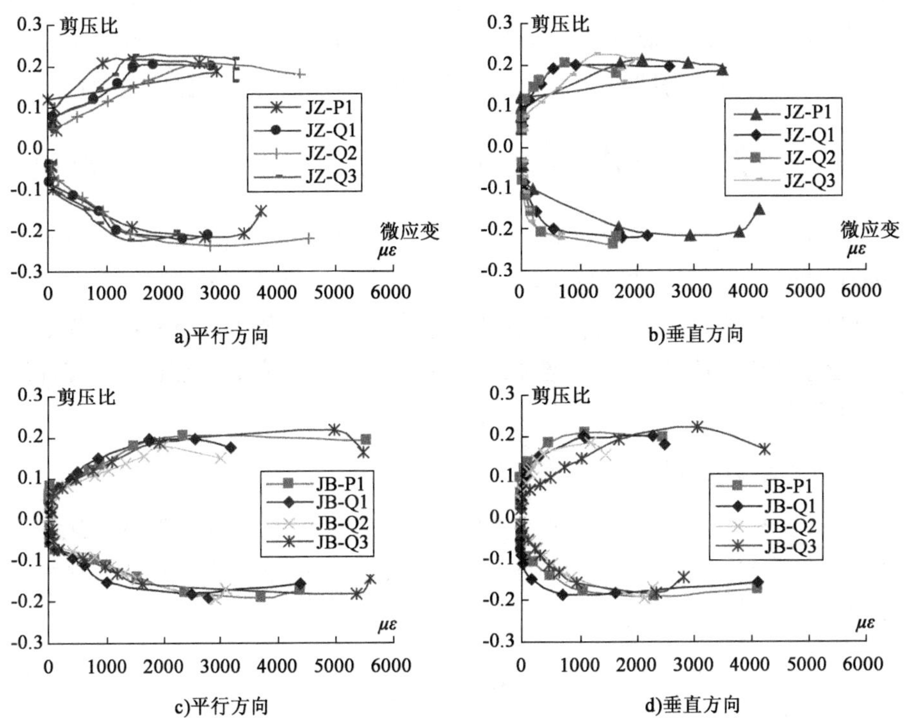

图7.8　箍筋应变

由图7.8中框架梁柱节点核心区平行受力方向和垂直受力方向箍筋应变可以看出:

对比不同位置相同框架梁柱节点试件的箍筋应变变化能够发现,在加载前期和中期,中节点及边节点试件的平行受力方向的箍肢应变较小,随着荷载的增加,箍筋应变也不断增加,表明与节点剪力平行方向的箍筋应变随着节点核心区混凝土开裂而不断增大,中节点及边节点试件的垂直受力方向的箍肢应变较小,随着荷载的不断增加,箍筋应变增加速度较为缓慢,中节点垂直受力方向的箍筋应变一般小于600με,边节点垂直受力方向的箍筋应变则更小,一般小于200με。由此可见,与节点剪力平行方向的箍筋先于与节点剪力垂直方向的箍筋承担节点剪力,箍筋的应变也较大,承担的拉力也较大。在加载后期,中节点及边节点的箍筋应变均已屈服,中节点及边节点试件的平行受力方向的箍肢应变明显大于垂直受力方向的箍肢应变。

对比同一位置不同框架梁柱节点试件的箍筋应变变化情况能够发现：在加载初期，采用高韧性混凝土进行增强的框架中节点与边节点试件的箍筋应变比同条件下未采用高韧性混凝土进行增强节点的箍筋应变小，因此在框架中节点与边节点核心区浇筑高韧性混凝土均能降低框架节点试件核心区的箍筋应力。

7.4 高强钢筋高韧性混凝土框架节点抗震性能试验分析

本节通过对比分析节点区不同范围采用高韧性混凝土进行增强的配置HRB600钢筋高强混凝土框架边节点试件与未增强边节点试件的承载能力、变形能力和位移延性、滞回性能、骨架曲线、刚度退化、耗能能力以及累积损伤等抗震性能指标，研究高韧性混凝土增强措施对高强钢筋高强混凝土节点抗震性能的影响和增强效果。

7.4.1 承载能力、变形能力和位移延性

在抗震分析中，延性是一个非常重要的抗震性能指标，定义为结构在达到其弹性极限之后仍能在更大变形下保持承载力的性能，一般用位移延性系数来表示，其数学表达式为：

$$\mu_u = \frac{\Delta_u}{\Delta_y} \tag{7.3}$$

式中：μ_u——位移延性系数；

Δ_u——破坏位移，即试件承载力下降到极限荷载85%时所对应的位移；

Δ_y——屈服位移，试件屈服时所对应的位移。

节点试件的开裂荷载是指节点核心区开裂时所对应的荷载，屈服荷载是结构力控制与位移控制的分界点，在屈服荷载之前采用力控制进行加载，屈服荷载之后采用位移控制方式加载，试验时可根据受拉纵筋的应变值来确定屈服荷载，而在理论研究中屈服荷载确定颇为困难，目前普遍确定屈服点的方法有骨架曲线几何画图法和等面积法两种方法。几何作图法如图7.9所示。首先过原点作切线 OD 交 GD 于点 D，过 D 点作垂线交曲线于点 I，连接原点与点 I 交 DG 于点 H，过点 H 作垂线交曲线于点 B，B 点即为近似屈服点。等面积作图法如图7.10所示，其主要是根据骨架曲线包围的面积相等所确定的。过原点作割线交 GH 于点 H，不断调整割线斜率直至 S_{OCI} 与 S_{GHI} 相等，过点 H 作垂线交曲线于点 B，则 B 点即为近似屈服点。本节采用等面积法来确定屈服点。

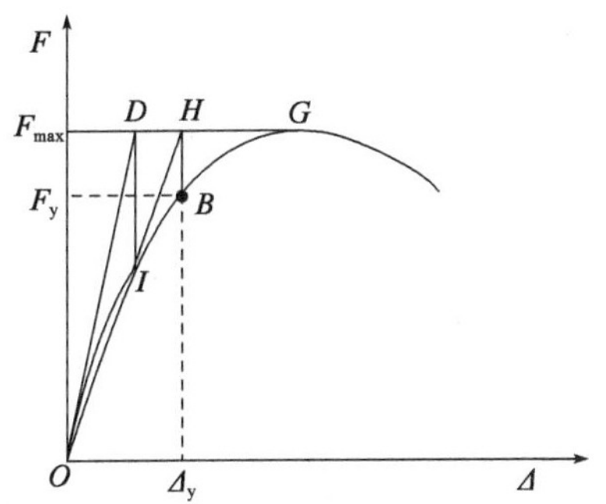

图7.9 几何作图法

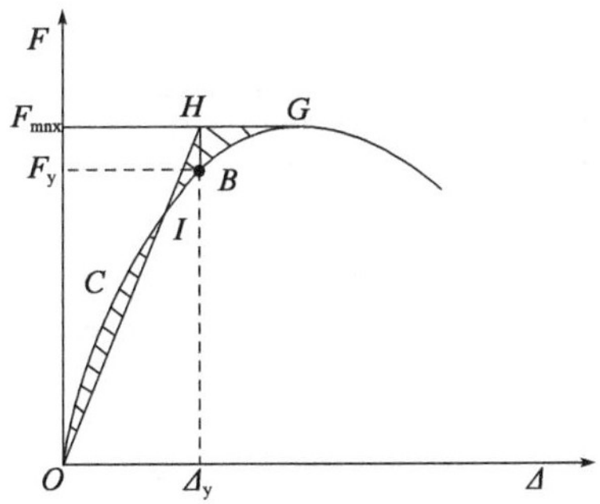

图7.10 等面积法

极限荷载是指试件达到最大承载力所对应的梁端荷载值，破坏荷载是指试件承载力降到极限荷载85%时所对应的荷载。

8个节点试件的开裂荷载、屈服荷载、极限荷载和破坏荷载以及与其所对应的位移与位移延性系数见表7.4。

节点承载力、位移及延性系数 表7.4

试件编号	加载方向	荷载(kN)				位移(mm)				延性系数
		开裂	屈服	极限	破坏	开裂	屈服	极限	破坏	
JZ-P1	正向	61.36	97.85	114.98	96.82	8.92	26.86	53.66	107.42	4.00
	反向	62.38	101.07	112.6	95.71	8.05	22.14	47.79	79.28	3.58
	平均	61.87	99.46	113.79	96.27	8.48	24.50	50.73	93.35	3.79
JZ-Q1	正向	62.69	96.54	113.67	92.51	11.95	23.31	52.81	101.27	4.34
	反向	66.65	106.14	116.20	98.77	11.22	25.22	51.23	88.67	3.52
	平均	64.67	101.34	114.94	95.64	11.58	24.27	52.02	94.97	3.93
JZ-Q2	正向	64.57	93.79	111.59	94.85	12.25	28.38	46.11	90.72	3.20
	反向	63.58	112.53	126.62	107.83	12.50	28.90	51.50	116.20	4.02
	平均	64.07	103.16	119.11	101.34	12.38	28.64	48.81	103.46	3.61
JZ-Q3	正向	63.30	103.71	122.01	96.63	10.40	26.76	39.36	94.25	3.52
	反向	60.13	103.14	121.14	102.97	11.42	24.44	41.16	89.29	3.65
	平均	61.72	103.43	121.58	99.80	10.91	25.60	40.26	91.77	3.59
JB-P1	正向	84.02	144.21	212.33	180.48	4.55	22.29	41.24	90.90	4.08
	反向	79.92	167.19	204.88	174.15	10.94	29.13	58.48	95.30	3.27
	平均	82.97	155.70	208.60	177.32	7.75	25.71	49.86	93.10	3.67

续上表

试件编号	加载方向	荷载(kN)				位移(mm)				延性系数
		开裂	屈服	极限	破坏	开裂	屈服	极限	破坏	
JB-Q1	正向	82.92	143.56	207.59	176.45	7.25	19.61	41.66	93.99	4.79
	反向	83.61	166.80	208.54	173.86	10.37	27.18	50.93	97.88	3.60
	平均	83.27	155.18	208.06	175.16	8.81	23.40	46.30	95.94	4.20
JB-Q2	正向	85.34	144.21	198.86	169.03	7.89	21.95	55.85	102.08	4.65
	反向	82.29	164.70	218.61	185.82	10.59	26.72	47.53	90.26	3.38
	平均	83.81	154.46	208.73	177.42	9.24	24.34	51.69	96.17	4.01
JB-Q3	正向	79.92	168.52	228.92	194.58	5.61	22.92	60.73	99.69	4.35
	反向	81.95	170.37	199.46	167.52	11.42	29.10	54.74	91.43	3.14
	平均	80.94	169.45	214.19	181.05	8.52	26.01	57.74	95.56	3.75

由表7.4可得出,对于中节点而言,试件JZ-Q1、JZ-Q2、JZ-Q3分别比未增强中节点试件JZ-P1的开裂荷载均值提高0~4.52%,屈服荷载均值提高1.9%~4%,极限荷载均值高2.27%、10.49%、15.35%,表明采用高韧性混凝土增强的中节点在一定程度上可提高试件的开裂荷载、屈服荷载和极限荷载。试件JZ-Q1、JZ-Q2、JZ-Q3的开裂位移平均值比试件JZ-P1分别提高37%、46%、29%,可见高韧性混凝土增强对加载初期变形能力具有很好的改善作用。加载后期提高幅度有所下降,JZ-Q1、JZ-Q2与JZ-Q3破坏位移较JZ-P1提高1.7%~10.8%,其中JZ-Q3提高了10.8%,说明采用高韧性混凝土增强的中节点可提高试件的变形能力,试件JZ-Q2增强效果最佳。

对于边节点而言,与未增强的试件JB-P1相比,高韧性混凝土增强试件JB-Q1、JB-Q2和JB-Q3的开裂荷载平均值浮动不大,而开裂位移平均值则分别提高14%、19%、10%,说明高韧性混凝土可以提高节点试件初期变形能力,而对初期承载力影响不大。试件JB-Q1、JB-Q2和JB-Q3的屈服、极限、破坏荷载平均值较试件JB-P1提高范围分别在9%、3%、2%以内,相对应的屈服、极限、破坏位移平均值也分别高于试件JB-P1,说明高韧性混凝土增强措施可以在一定范围内提高高强钢筋高强混凝土框架节点的承载能力和变形能力。

一般情况下,结构位移延性系数取为3~5,以确保结构构件具有较高的曲率延性。表中所有试件的位移延性都大于3.5,表明采用高韧性混凝土进行增强的试件均能满足延性性能要求,采用高韧性混凝土增强的节点延性较好。

7.4.2　滞回曲线

在循环荷载作用下,试件承受的荷载和产生的位移之间就形成了关系曲线,在一次循环荷载作用下形成的环即为滞回环,多次循环加载形成的多个滞回环形成滞回曲线。典型的滞回环形状主要有 4 种:梭形滞回环、弓形滞回环、反 S 形滞回环和 Z 形滞回环,如图 7.11 所示。不同的滞回环形状可以反映出构件的抗震性能。梭形滞回环饱满程度最好,具有较好的吸收能量和耗散能量的能力,抗震性能最好;滞回环呈弓形说明构件出现一定的剪切和钢筋滑移,抗震性能有所降低;出现反 S 形滞回环的构件钢筋滑移现象较为严重;出现 Z 形滞回环的构件发生更严重的钢筋滑移,裂缝充分发展,其吸收能量和耗散能量的能力较差,抗震性能最差。在低周往复加载试验中,构件通常会出现几种滞回环形状,一般由梭形开始逐渐转变为其他类型,达到破坏时的滞回环形状以某一种或几种为主。根据试验数据绘制各试件的荷载-位移滞回曲线,如图 7.11 所示。

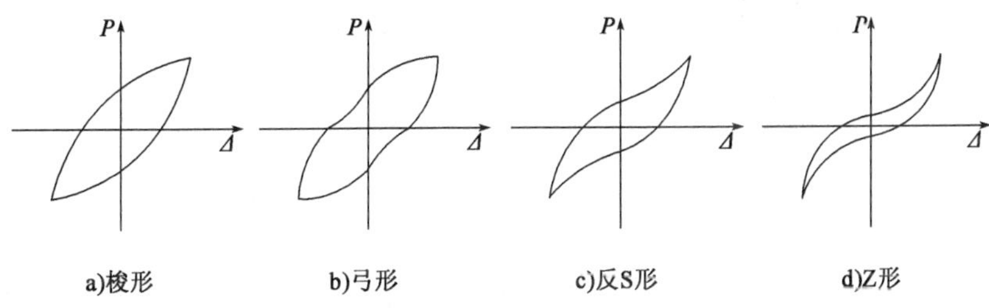

图 7.11　典型滞回环

绘制的高强钢筋高韧性混凝土框架节点的滞回曲线分别如图 7.12 和图 7.13所示。

滞回曲线由开始的梭形逐渐转变为弓形,破坏时呈反 S 形。试件屈服后,随着循环次数增加,试件梁端变形不断增大,但是试件梁端承载力提高效果并不显著,加载曲线的斜率随荷载增大而减小,表明试件屈服后,构件刚度随着控制位移的增大而减小。同位移控制下的 3 次循环加载曲线斜率在不断减小,这是因为往复加载作用下结构的累积损伤。在卸载初期,滞回曲线斜率较大,卸载刚度较大。随着荷载的不断减小,曲线逐渐趋于平缓,在接近于 0 时,构件有一定的不能恢复的残余变形,且残余变形随着循环次数的增加而增加。

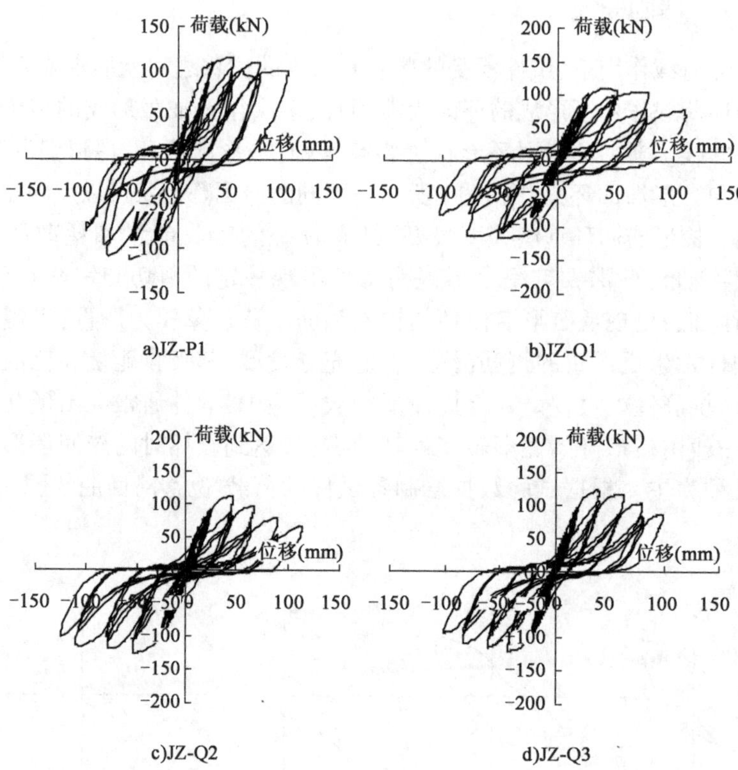

a)JZ-P1　　b)JZ-Q1

c)JZ-Q2　　d)JZ-Q3

图 7.12　中节点荷载-位移曲线

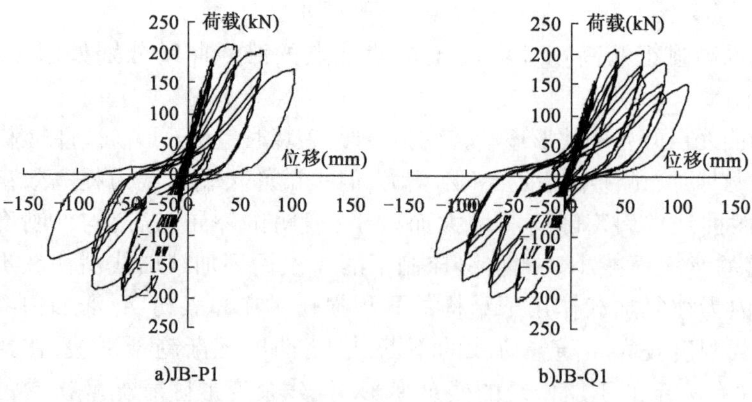

a)JB-P1　　b)JB-Q1

图　7.13

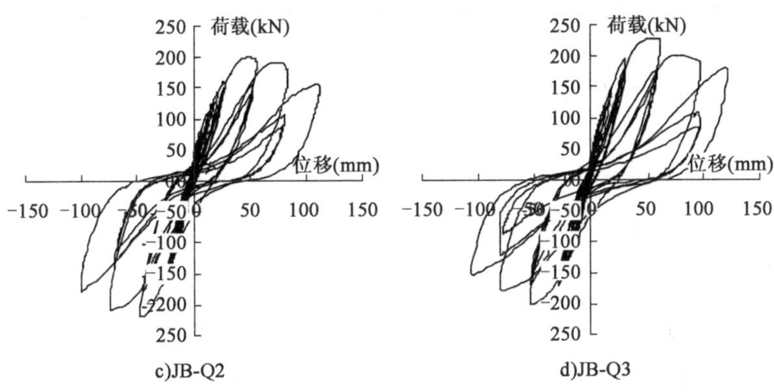

图 7.13 边节点荷载-位移曲线

就中节点而言,对比 JZ-P1 和 JZ-Q1,JZ-P1 出现了明显的“捏缩”现象,且滞回曲线包围的面积较小,JZ-P1 比 JZ-Q1 耗能能力差,说明节点核心区采用高韧性混凝土进行增强可以提高节点的耗能能力,提高节点的抗震性能。对比采用高韧性混凝土进行增强的节点 JZ-Q1、JZ-Q2 和 JZ-Q3,滞回环的面积随着高韧性混凝土掺加范围的增大而减小,且曲线捏缩现象随着掺加范围的增大而更加显著,说明高强钢筋高韧性混凝土节点随着高韧性混凝土掺加范围的增大,节点耗能能力减弱,抗震性能降低。虽然 JZ-Q2 与 JZ-Q3 后期也有明显捏缩现象,但与 JZ-P1 相比,其后期刚度退化缓慢,且总的循环次数明显增加。

就边节点而言,对比未增强试件 JB-P1,高韧性混凝土增强试件 JB-Q1、JB-Q2 和 JB-Q3 的滞回曲线有所改善,表现在卸载时刚度退化更为缓慢,滞回环的残余变形相对更小,最大位移值更大,说明高韧性增强措施对节点的滞回特性具有较好的改善效果。

综上所述,采用高韧性混凝土进行增强的节点能够改善节点的滞回特性,提高节点的耗能能力。

7.4.3 骨架曲线

结构或构件的骨架曲线是在往复荷载作用下将每一加载工况形成滞回环的峰值点依次连线,构成梁端荷载-位移滞回曲线的外包络线。反复加载形成的骨架曲线类似于单调加载形成的荷载-位移曲线,曲线变化规律相同,但数值相对有一定程度的降低。骨架曲线直观反映了结构构件在地震作用下的承载能力和变形能力。骨架曲线在弹性阶段的斜率反映了结构构件的初始刚度,达到峰值点后曲线逐渐下降,下降速率反映出结构构件强度的退化速度,下降段刚度变化则反映出结构构件的刚度退化和退化速率。骨架曲线整体的饱满程度和包络面积大小反映出结构构件在反复加载下的耗能能力。根据试验数据得到各节点试件的滞回曲线，绘制出各节点试件的骨架曲线，如图 7.14 所示。

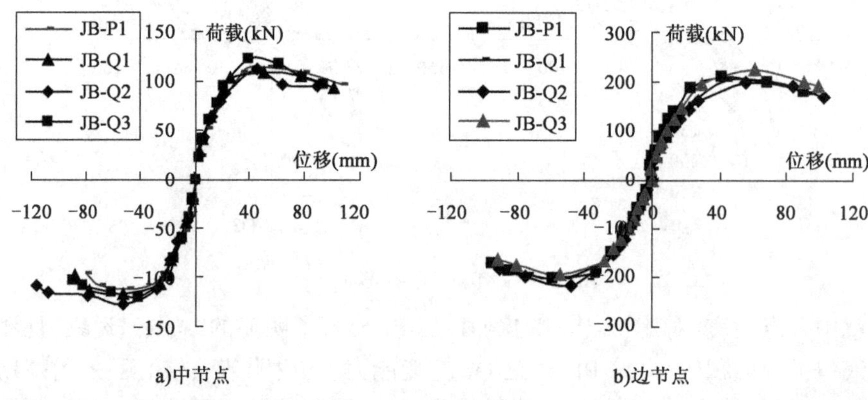

图 7.14 骨架曲线

节点加载初期曲线段均近似为直线，随着荷载的增加，曲线逐渐出现分化。正向加载时，加载前期曲线基本重合，加载后期，对比 JZ-P1 与 JZ-Q1，JZ-P1 承载力略高于 JZ-Q1，JZ-P1 变形能力较好。对比 JZ-Q1、JZ-Q2 与 JZ-Q3，JZ-Q3 承载能力以及变形能力均优于 JZ-Q1 和 JZ-Q2，且综合对比 4 个节点，可发现 JZ-Q3 承载能力与变形能力最大。反向加载时，加载前期曲线基本重合，加载后期，对比 JZ-P1 与 JZ-Q1，JZ-Q1 承载力及变形能力均明显高于 JZ-P1，对比 JZ-Q1、JZ-Q2 与 JZ-Q3，JZ-Q2 的承载能力及变形能力最大。对于边节点，在正向加载阶段，高韧性混凝土增强试件 JB-Q1 和 JB-Q2 的最大承载力与未增强试件 JB-P1 的最大承载力相近，而增强试件 JB-Q3 的最大承载力则明显高于试件 JB-P1；在负向加载阶段，试件 JB-Q1 的最大承载力接近试件 JB-P1，试件 JB-Q2 的最大承载力高于试件 JB-P1，而试件 JB-Q3 的最大承载力则低于试件 JB-P1。表明高韧性混凝土增强措施对高强钢筋高强混凝土框架节点的承载能力影响不大。对比配置 HRB600 钢筋节点试件可以看出，高韧性混凝土增强试件 JB-Q1、JB-Q2 和 JB-Q3 的最大位移均大于未增强试件 JB-P1，说明在节点区一定范围内使用高韧性混凝土可以提高节点的变形能力。

综合上述对比，JZ-Q2 和 JB-Q2 骨架曲线最为饱满，且包围面积最大，故在节点核心区延伸至梁中 1 倍有效梁高范围采用高韧性混凝土增强的试件的变形能力和承载能力最佳。

7.4.4　刚度退化

刚度退化是结构抗震个性能重要指标之一，体现了结构在荷载作用下刚度缓慢退化的过程。在低周往复荷载作用下，随着加载进行，结构的位移逐渐增大，结构的刚度也逐渐减小。结构的刚度退化反映了结构在循环加载过程中逐渐破坏的过程和变形规律。刚度退化到一定程度，结构会因强度的降低丧失承载能力，从而达到破坏状态。刚度的计算通常采用等效刚度，如式(7.4)所示。反复荷载作用下，结构形成荷载-位移滞回曲线，定义某次循环下滞回环的峰值点和坐标原点连线的斜率为此时结构的刚度。

$$K_i = \frac{F_i}{\Delta_i} \tag{7.4}$$

式中：F_i——第 i 次循环滞回环峰值点的荷载值；

Δ_i——第 i 次循环滞回环峰值点对应的位移值。

在反复加载过程中，随着位移的增大，结构构件的刚度逐渐减小。为消除不同混凝土强度对试件刚度的影响，采用残余刚度率反映试件的刚度退化情况。残余刚度率等于构件在某工况下的刚度比上该构件的初始刚度，计算公式见式(7.5)。

$$\lambda = \frac{K_i}{K_0} \tag{7.5}$$

式中：λ——残余刚度率；

K_i——工况为 i 时构件的刚度；

K_0——构件初始刚度。

具体试件刚度退化率曲线见图7.15。

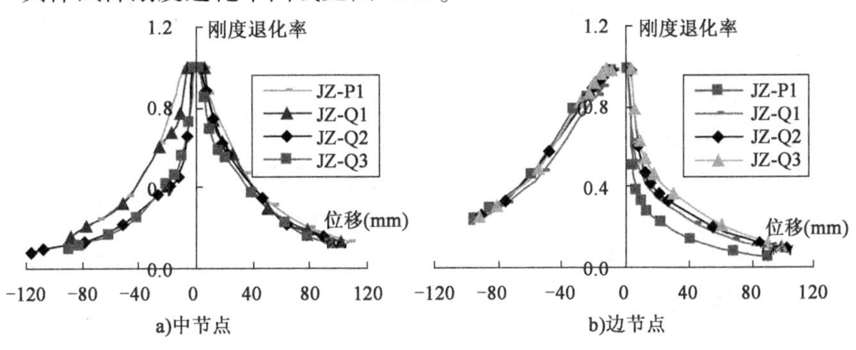

图7.15　刚度退化曲线

各节点试件刚度退化过程较为类似,都经历了刚度速降、刚度次降和刚度缓降 3 个阶段。加载屈服之前试件处于弹性阶段,荷载与位移呈线性关系,刚度退化较快。加载至试件屈服之后,在较小荷载作用下试件发生较大的变形,位移较荷载增长较快,刚度退化曲线斜率逐渐减小,刚度退化率减小。当加载至极限荷载之后,荷载基本不变,位移迅速增大,曲线斜率平缓。

就中节点而言,采用高韧性混凝土进行增强的试件 JZ-Q1、JZ-Q2 与 JZ-Q3 曲线在未增强的试件曲线的上方,表明中节点采用高韧性混凝土进行增强可明显推迟刚度的退化,增加中节点试件的变形能力。比较试件 JZ-Q1、JZ-Q2 和 JZ-Q3,正向加载时,加载初期,曲线基本重合。加载后期,节点 JZ-Q1 刚度退化变快,而节点 JZ-Q2 与 JZ-Q3 刚度退化平缓,且节点 JZ-Q2 较 JZ-Q3 变形性能更好。反向加载时,加载初期节点 JZ-Q1 刚度退化较慢,但其加载后期刚度退化突然变快,节点 JZ-Q2 和 JZ-Q3 全过程刚度退化平缓,且 JZ-Q2 变形性能较好。

边节点对称性较差,正向加载时的曲线对比规律明显,负向加载时的曲线趋势相近,但对比规律性较差,原因可能是人员操作及设备不够完善。可以看出试件正向位移刚度退化曲线存在以下规律性:在加载初期,试件刚度退化迅速,此时刚度的变化与混凝土的开裂和裂缝发展有关;试件屈服后,随位移的增加,试件刚度退化逐渐减缓;在加载后期,试件刚度随位移增加变化较小,刚度退化曲线比较平缓,此时结构的延性性能发挥重要作用。正向加载过程中,采用高韧性混凝土增强试件的刚度退化曲线比未增强试件的刚度退化曲线更平缓,残余刚度率也明显高于未增强试件,说明高韧性混凝土可以减缓节点区裂缝的发展,从而减缓节点的刚度退化情况。

7.4.5 耗能能力

结构或构件的抗震性能主要取决于其非弹性阶段吸收以及耗散能量的大小。结构或构件在往复荷载作用下通过材料内摩阻、裂缝开展与塑性铰转动等内部损伤将能量转为热能释放。若构件能充分耗散地震输入能量,且不丧失承载力与稳定性,能够表明构件抗震性能良好。

结构或构件的耗能能力可以由其荷载-位移滞回曲线所包围的面积来衡量。滞回环面积越大,吸收地震能量越大,则其抗震性能越好。工程上一般用等效黏滞阻尼系数 h_e 来表征结构或构件耗能能力大小,按公式(7.6)来计算等效黏滞阻尼系数。h_e 越大,耗能能力越大,抗震性能越好。

$$h_e = \frac{1}{2\pi} \times \frac{S_{ABCD}}{S_{OCF} + S_{OAE}} \tag{7.6}$$

式中：S_{ABCD}——滞回环 $ABCD$ 的面积。

S_{OCF}、S_{OAE}——理想状况下弹性阶段达到相同位移 OF、OE 时所吸收的能量。

S 所代表含义如图 7.16 所示。滞回环 $ABCD$ 加载循环输入的总能量，一部分转化结构的弹性性能，另外一部分转换成为结构的非弹性性能。节点在各个工况下三角形面积以及等效黏滞阻尼系数如表 7.5 所示，各个节点等效黏滞阻尼系数关系曲线如图 7.17 所示。

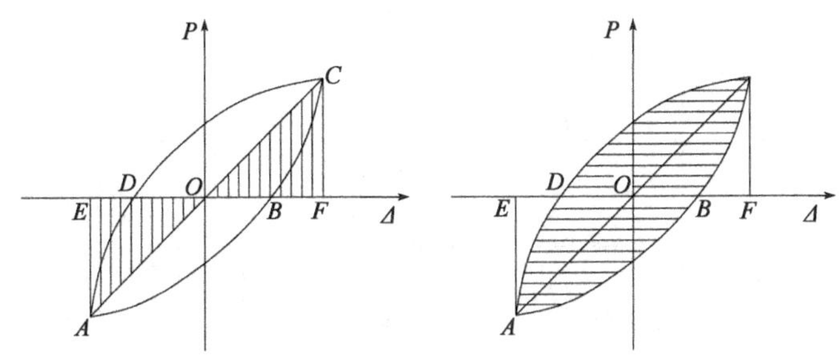

图 7.16　滞回环示意图

等效黏滞阻尼系数　　表 7.5

JZ-P1	位移(mm)	2.69	3.7	8.48	29.94	50.73	74.33	93.35
	三角形面积	63.42	132.46	439.84	3158.02	5746.72	8075.69	8407.44
	滞回环面积	24.13	64.74	182.99	2013.89	6477.94	7589.34	7467.58
	h_e	0.061	0.078	0.066	0.102	0.179	0.15	0.141
JZ-Q1	位移(mm)	6.09	11.58	18.03	25.44	51.02	77.75	94.97
	三角形面积	261.39	714.62	1498.52	2657.45	5741.08	8523.26	8421.45
	滞回环面积	156.48	355.53	628.04	1117.64	6586.83	8533.53	7999.14
	h_e	0.095	0.079	0.067	0.067	0.183	0.159	0.151
JZ-Q2	位移(mm)	6.32	18.30	24.61	48.80	70.99	98.66	119.10
	三角形面积	264.44	1481.01	2475.40	5833.09	7693.16	9685.57	10045.33
	滞回环面积	178.37	841.74	1175.66	6223.62	6796.38	7404.85	5466.11
	h_e	0.107	0.091	0.076	0.170	0.141	0.122	0.087
JZ-Q3	位移(mm)	5.19	15.63	20.64	40.26	61.36	80.68	98.65
	三角形面积	205.44	1240.78	2001.41	4894.15	7088.65	8528.03	8896.31
	滞回环面积	119.19	551.52	734.76	4580.09	6224.37	6401.08	5473.86
	h_e	0.092	0.071	0.058	0.149	0.140	0.120	0.098

续上表

JB-P1	位移(mm)	4.96	11.29	18.59	27.58	49.86	76.47	111.25
	三角形面积	302.52	1174.94	2743.12	5257.76	10368.84	14829.95	17112.72
	滞回环面积	132.51	484.89	893.46	2310.73	9346.29	13645.89	14822.5
	h_e	0.07	0.066	0.052	0.07	0.144	0.147	0.138
JB-Q1	位移(mm)	6.02	12.32	23.61	47.48	71.01	95.86	110.65
	三角形面积	366.56	1264.67	3764.06	9697.3	14285.84	16927.55	15573.84
	滞回环面积	153.24	415.97	1457.4	8276.46	13722.57	16087.07	14794.17
	h_e	0.067	0.052	0.062	0.136	0.153	0.151	0.151
JB-Q2	位移(mm)	1.26	5.74	13.12	24.89	48.76	77.79	85.61
	三角形面积	24.71	357.78	1370.61	3918.30	9565.59	13106.22	9745.15
	滞回环面积	6.61	156.48	548.08	1602.00	8637.21	13680.64	9579.80
	h_e	0.043	0.070	0.064	0.065	0.144	0.166	0.157
JB-Q3	位移(mm)	1.80	6.10	11.62	29.12	57.74	85.60	108.63
	三角形面积	52.31	381.30	1173.01	5324.04	12346.38	13870.62	10488.54
	滞回环面积	19.18	162.31	464.55	2601.44	12326.88	14155.47	10138.81
	h_e	0.058	0.068	0.063	0.078	0.159	0.163	0.154

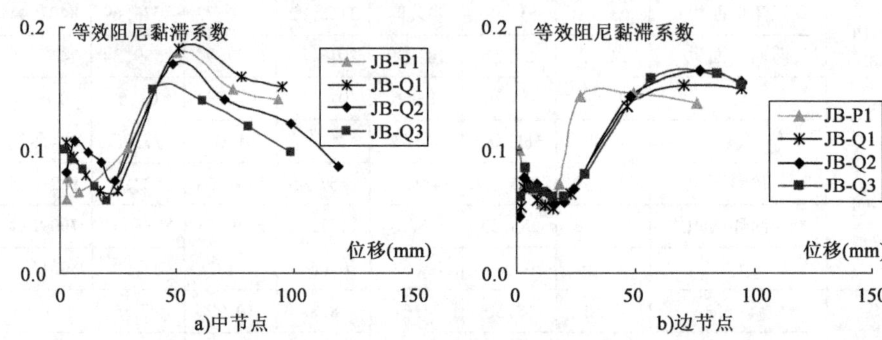

图 7.17 等效黏滞阻尼系数

总体来看，节点加载初期等效黏滞阻尼系数均经历了先减小后增大的过程，减小幅度不大，原因是混凝土裂缝的出现，耗散了一部分能量。加载初期，试件处于弹性阶段，残余变形很小，等效黏滞阻尼系数较小，均小于 0.1。试件屈服后，随着位移的增加裂缝不断发展，节点变形增大，等效黏滞阻尼系数增长较快。当加载至极限位移后，等效黏滞阻尼系数减小，原因是随着裂缝的不断发展，裂缝的张开与闭合耗散了大量能量。

就中节点而言,对比节点 JZ-P1 和 JZ-Q1,JZ-Q1 等效黏滞阻尼系数基本上全过程均大于 JZ-P1,表明在节点核心掺加高韧性混凝土可减小节点的非弹性变形,降低结构构件的非弹性耗能能力。对比节点 JZ-Q1、JZ-Q2 与 JZ-Q3,JZ-Q1 等效黏滞阻尼系数全过程大于 JZ-Q3。对于 JZ-Q1 和 JZ-Q2,在加载至极限位移之前,JZ-Q2 等效黏滞阻尼系数均大于 JZ-Q1,在极限荷载之后,JZ-Q2 等效黏滞阻尼系数小于 JZ-Q1,原因是 JZ-Q2 的裂缝在极限荷载之前相对较少,则其由于裂缝的张开与闭合而引起的耗能能量则会减少。

就边节点而言,对比配置 HRB600 钢筋节点试件在各加载工况下的等效阻尼黏滞系数可以看出,在试件屈服前,高韧性混凝土增强试件和未增强试件的等效阻尼黏滞系数接近;试件屈服后,高韧性混凝土增强试件的等效黏滞系数增长速率较未增强试件略为缓慢;达到极限状态后,高韧性混凝土增强试件的等效黏滞系数均高于未增强试件。表明高韧性混凝土增强措施可以提高节点试件在非弹性变形阶段的变形性能,改善破坏状态,提高试件在地震作用下的耗能能力。对比增强试件,试件 JB-Q2 和 JB-Q3 在加载后期的等效阻尼黏滞系数最高,耗能能力最强。

7.4.6　累积损伤

累积损伤模型综合反映了混凝土结构在低周往复荷载作用下变形过程中能量耗散和刚度退化等累积损伤性能。混凝土结构累计损伤研究主要分为构件和结构,结构研究整体累积损伤,构件研究局部累积损伤。反复荷载作用下混凝土构件和整体结构损伤评价模型是依据能量耗散原理以及反复荷载作用下 P-Δ 滞回特性,以结构在理想无损状态下外力所做功为初始标量。结构或构件在任意加载循环下累积的劣化程度以累积损伤指标 D_{ey} 表征,可按式(7.7)来计算。

$$D_{\mathrm{ey}}=\frac{K_0\Delta_i^2-\left[\int_{\Delta i0}^{\Delta i}f_1(\Delta_i)d\Delta_i+\int_{\Delta i1}^{-\Delta i}f_2(-\Delta_i)d\Delta_i\right]}{K_0{\Delta_i}^2}\tag{7.7}$$

式中:　　K_0——结构的初始刚度;

$f_1(\Delta_i)$、$f_2(-\Delta_i)$——第 i 次循环正反向加载结构基底剪力函数;

$\pm\Delta_i$——第 i 次循环正反向峰点荷载结构顶层绝对位移。

公式中符号表示意义见图 7.18。根据外力所做的功及能量守恒定律,累积损伤指标可以表示为:

$$D_{\mathrm{ey}}=\frac{(S_{\triangle OAB}+S_{\triangle OCD})-(S_{OEFGHL}+S_{BEF}+S_{DHL})}{S_{\triangle OAB}+S_{\triangle OCD}}\tag{7.8}$$

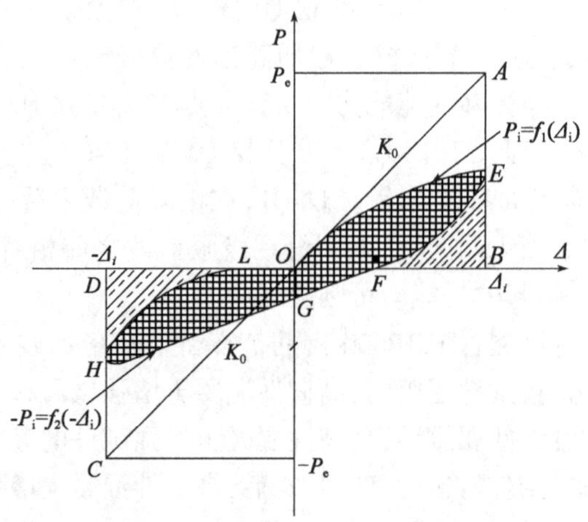

图 7.18　构件第 i 次循环受力状态

混凝土结构根据损伤指标和结构实际损伤程度划分 5 个损伤等级：①D_{ey} = 0 ~0.2，结构基本完好；②D_{ey} =0.2 ~0.4，结构轻微损伤，裂缝宽度在 0.2mm 以内；③D_{ey} =0.4 ~0.6，结构处于中等损伤，裂缝宽度从 0.2mm 到钢筋屈服；④D_{ey} =0.6 ~0.9，从钢筋屈服到破坏荷载，结构严重破坏；⑤D_{ey} >0.9，结构倒塌。

通过计算得各个试件在主要工况下节点累积损伤指标如表 7.6 所示。

节点累积损伤指标　　表 7.6

试件编号	初裂		屈服		极限		破坏	
	F_{cr}(kN)	D_{cr}	F_y(kN)	D_y	F_{max}(kN)	D_{max}	F_u(kN)	D_u
JZ-P1	61.87	0.255	78.25	0.645	113.79	0.809	96.27	0.901
JZ-Q1	64.67	0.258	81.88	0.637	114.94	0.804	95.64	0.890
JZ-Q2	64.07	0.242	103.16	0.617	119.11	0.801	101.34	0.884
JZ-Q3	61.72	0.249	103.43	0.626	121.58	0.805	99.80	0.897
JB-P1	82.97	0.287	155.70	0.695	208.60	0.814	177.32	0.904
JB-Q1	80.77	0.278	155.18	0.675	208.06	0.814	175.16	0.887
JB-Q2	83.81	0.261	154.46	0.684	208.73	0.741	177.42	0.885
JB-Q3	80.94	0.271	169.45	0.652	214.19	0.735	181.05	0.885

由表 7.6 可以看出，随着加载进行，试件累积损伤指标逐渐增大：累积损伤指标在 0.26 ~0.31 范围内时，试件基本完好；累积损伤指标在 0.65 ~0.7 范围内时，试件开始屈服，在反复荷载作用下试件受到一定程度的损伤；累积损伤指

标达到0.73~0.84范围时,试件损伤严重,损伤程度进一步增加,同时也达到了最大承载状态;累积损伤指标高于0.88后,试件达到破坏。

对于中节点,与未增强试件JZ-P1相比,采用高韧性混凝土进行增强的试件JZ-Q1、JZ-Q2和JZ-Q3的四个特征阶段的累积损伤指标均有不同程度的减小,表明在节点一定范围内采用高韧性混凝土可以减轻中节点的累积损伤程度,节点核心区及一倍有效梁高范围内采用高韧性混凝土进行增强对节点累积损伤程度减轻效果最显著。

就边节点而言,与未增强试件JB-P1相比,采用高韧性混凝土进行增强的试件JB-Q1、JB-Q2和JB-Q3的四个特征阶段的累积损伤指标均有不同程度的减小,表明在节点一定范围内采用高韧性混凝土可以减轻边节点的累积损伤程度,节点核心区及1.5倍有效梁高范围内采用高韧性混凝土进行增强对节点累积损伤程度减轻效果最显著。

7.5 框架梁柱节点受剪承载力设计方法研究

7.5.1 节点受剪承载力计算

《混凝土结构设计规范》(GBJ 10—89)中规定的节点抗剪承载力计算公式是根据我国完成的低周往复荷载作用下的梁柱节点试验结果,同时收集借鉴国外部分研究成果确定的。节点抗剪承载力计算公式采用混凝土项与箍筋项叠加得到的,混凝土项中包括了轴压力对节点受剪承载力的有利影响。《混凝土结构设计规范》(GBJ 50010—2002)中将混凝土强度等级扩大到C80级,将构件的抗剪承载力计算中混凝土项的轴心抗压强度指标换算成轴心抗拉强度指标,根据试验研究结果及国外研究成果,将轴压比的有利影响降低一半,且在高烈度区不再考虑轴压比的有利影响。《混凝土结构设计规范》(GBJ 50010—2010)规定的节点承载力公式并未做调整,计算公式如下:

$$V_j \leqslant \frac{1}{\gamma_{RE}}\left(1.1\eta_j f_t b_j h_j + 0.05\eta_j N \frac{b_j}{b_c} + f_{yv} A_{svj} \frac{h_{b0} - a'_s}{s}\right) \tag{7.9}$$

为防止框架梁柱节点承受过大斜压力,节点截面应符合如下限制条件:

$$V_j \leqslant \frac{1}{\gamma_{RE}}(0.3\eta_j \beta_c f_c b_j h_j) \tag{7.10}$$

式中:γ_{RE}——抗震承载力调整系数,取0.85;

η_j——正交梁对节点约束的影响系数(取值见规范相关条文);

f_t——混凝土抗拉强度设计值；

f_c——混凝土轴心抗压强度设计值；

β_c——混凝土强度影响系数，当混凝土强度等级不超过C50时，取$\beta_c=1.0$；当混凝土强度等级为C80时，取$\beta_c=0.8$，其间按线性内插法确定；

N——考虑地震作用组合的节点剪力设计值的节点上柱底部轴向力设计值，当N为压力且$N>0.5f_cA$时，取$N=0.5f_cA$；当N为拉力时，取$N=0$；

h_{b0}——梁截面有效计算高度；

a'_s——受力纵筋合力点到截面边缘的距离；

b_j、h_j——节点截面有效验算宽度和高度，取$b_j=b_c$，$h_j=h_c$；

f_{yv}——箍筋抗拉强度设计值；

A_{svj}——同一截面内各肢竖向、水平箍筋的全部截面面积；

s——节点核心区箍筋间距。

我国现行《混凝土结构设计规范》中规定对于一、二、三级抗震等级的框架节点设计采用验算和构造两个方面确定，对于四级抗震等级仅从构造上确定。

7.5.2 节点受剪承载力计算公式讨论

通过对高强钢筋高韧性混凝土框架梁柱节点试件的拟静力试验研究及分析发现，高韧性混凝土替代普通混凝土具有较好的受力性能、抗震性能。本节共统计105个框架梁柱节点的试验结果，其中中节点试件58个、边节点试件47个，节点核心区混凝土抗压强度取值范围为17.3～81MPa，试验轴压比的取值范围为0～0.45，节点剪压比的取值范围为0.08～0.37，节点配箍特征值的取值范围为0～0.14。

统计的试验结果与现行《混凝土结构设计规范》中的节点受剪承载力计算公式比较结果如图7.19所示。其中，三条斜直线均采用现行《混凝土结构设计规范》中的节点受剪承载力计算公式计算得到，分别为一级抗震等级的框架结构和9度设防烈度的一级抗震等级框架、其他情况轴压比为0时、其他情况轴压比为0.4时。水平线表示现行《混凝土结构设计规范》中的剪压比限值。进行节点受剪承载力设计时，节点的剪力设计值位于曲线下方时，设计安全可靠；进行节点试验的试验剪力位于曲线上方时，表明节点受剪承载力计算公式安全可靠。

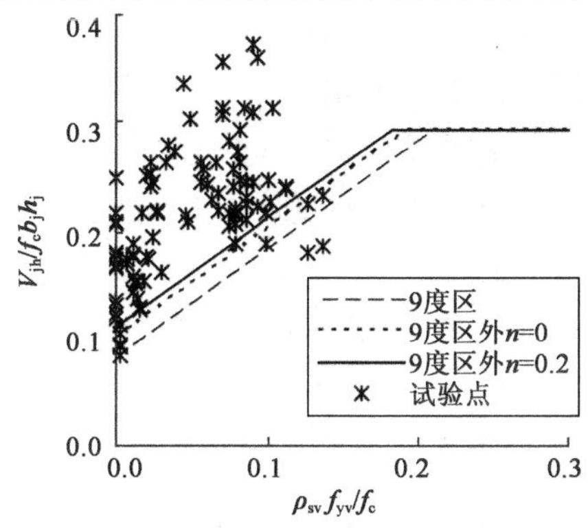

图 7.19　受剪承载力试验值与设计公式

如图 7.19 所示,高强钢筋高韧性混凝土框架节点受剪承载力试验值一般均高于现行《混凝土结构设计规范》中规定的节点受剪承载力公式的计算值,说明现行《混凝土结构设计规范》的节点受剪承载力计算公式比试验值偏于安全。由于框架梁柱节点的试验点相对较高,大部分试验按照"强构件弱节点"原则进行的设计,当在实际工程中按照"强节点弱构件"原则进行设计时,节点的受剪承载力比按照现行《混凝土结构设计规范》计算的更高,致使节点的受剪承载力计算公式偏保守。图 7.19 中的试验点的配箍特征一般较小,对于配箍特征较大的节点试件,对应于现行《混凝土结构设计规范》中的截面限制条件,即剪压比限值。

7.5.3　增强的框架梁柱节点的受剪承载力公式及验证

普通混凝土框架梁柱节点受剪承载力按下式计算:

$$V_j = V_c + V_s \tag{7.11}$$

根据我国现行《混凝土结构设计规范》,框架梁柱节点受剪承载力的抗力项为:

$$V_c = 1.1\eta_j f_t b_j h_j + 0.05\eta_j N \frac{b_j}{b_c} \tag{7.12}$$

$$V_s = f_{yv} A_{svj} \frac{h_{b0} - a'_s}{s} \tag{7.13}$$

对于框架梁柱节点采用高韧性混凝土进行增强的框架梁柱节点,由于在高韧性混凝土中掺加纤维等,其分布于混凝土中与其共同抵抗节点剪力,因此高韧性混凝土框架节点的受剪承载力可以看作是高韧性混凝土项和箍筋项的叠加,其受剪承载力 V_j 可按下式计算:

$$V_{j}=V_{ch}+V_{s}=V_{c}(1+\alpha)+V_{s} \tag{7.14}$$

式中：V_{ch}——高韧性混凝土受剪承载力；

α——高韧性混凝土增强系数，$\alpha=\beta_{v}\lambda_{f}$；

β_{v}——高韧性混凝土中纤维对受剪承载力的影响系数，取0.2；

$\lambda_{f}=V_{f}l_{f}/d_{f}$——纤维含量特征参数；

V_{f}——纤维体积百分掺量，本书取0.012；

l_{f}/d_{f}——纤维长径比。

高韧性混凝土框架梁柱节点受剪承载力建议公式如下：

$$V_{j}\leqslant 1.1(1+\beta_{v}V_{f}l_{f}/d_{f})\eta_{j}f_{t}b_{j}h_{j}+0.05\eta_{j}N\frac{b_{j}}{b_{c}}+f_{yv}A_{svj}\frac{h_{b0}-a'_{s}}{s} \tag{7.15}$$

抗震设计时，需要考虑框架梁柱节点的抗力调整系数 γ_{RE}，得到高强钢筋高韧性混凝土框架梁柱节点受剪承载力公式为：

$$V_{j}\leqslant\frac{1}{\gamma_{RE}}\left[1.1(1+\beta_{v}V_{f}l_{f}/d_{f})\eta_{j}f_{t}b_{j}h_{j}+0.05\eta_{j}N\frac{b_{j}}{b_{c}}+f_{yv}A_{svj}\frac{h_{b0}-a'_{s}}{s}\right] \tag{7.16}$$

将各项材料的基本力学性能实测值代入式(7.16)计算得到节点受剪承载力计算值 V_{c}和通过试验采集的荷载位移数据计算得到的节点受剪承载力试验值 V_{t}，如表7.7所示。

节点受剪承载力试验值与计算值 表7.7

试件编号	V_{c}或V_{ch}(kN)	V_{s}(kN)	V_{cal}(kN)	V_{t}(kN)	V_{t}/V_{c}
JZ-P1	383.69	435.03	818.71	920.17	1.12
JZ-Q1	438.94	435.03	873.96	913.25	1.04
JZ-Q2	438.94	435.03	873.96	954.03	1.09
JZ-Q3	438.94	435.03	873.96	967.23	1.11
JB-P1	383.69	435.03	818.71	843.43	1.03
JB-Q1	409.65	435.03	844.67	853.17	1.01
JB-Q2	409.65	435.03	844.67	856.19	1.01
JB-Q3	409.65	435.03	844.67	968.18	1.15

文中提出的配置高强钢筋高韧性混凝土框架梁柱中节点及边节点试件的受剪承载力试验值与公式计算值的比值范围分别为1.04～1.12和1.01～1.15，由此可见配置高强钢筋高韧性混凝土框架梁柱中节点及边节点的受剪承载力计算公式的计算值均比相应节点的试验值小，配置高强钢筋高韧性混凝土框架梁柱节点的受剪承载力公式偏于安全且具有一定安全储备。

7.6　结论

本章对采用高韧性混凝土增强的节点与同条件下未增强的试件进行低周往复加载，从破坏特征、承载能力、变形能力、位移延性、滞回特性、刚度退化、耗能能力以及累积损伤等方面进行对比分析，得出如下结论：

(1)通过对比采用高韧性混凝土进行增强的节点与同条件下未增强的节点的破坏特征可以发现，采用高韧性混凝土进行增强可以减小裂缝宽度，增加裂缝数量，减小核心区混凝土脱落面积，改善节点破坏特征。

(2)采用高韧性混凝土进行增强的试件在一定程度上可以提高试件的承载能力，可以显著提高节点初期变形，具有较好的延性性能。采用高韧性混凝土进行增强的试件滞回曲线与骨架曲线更加饱满，能够改善节点的滞回特性；同时，采用高韧性混凝土进行增强的试件刚度退化更为平缓，对节点后期刚度退化有一定的改善作用；另外，采用高韧性混凝土进行增强的试件其耗能能力并没有明显的改善

(3)综合对比承载能力、变形能力、位移延性、滞回特性、刚度退化等，从节点核心区延伸至一倍有效梁高范围内采用高韧性混凝土进行增强效果最为显著。

(4)在分析框架节点受力机理和设计方法的基础上，研究高韧性混凝土对框架梁柱节点的增强效果，提出高强钢筋高韧性混凝土框架梁柱节点的受剪承载力计算公式并进行验证。研究结果表明，配置高强钢筋高韧性混凝土框架梁柱中节点及边节点的受剪承载力计算公式的计算值均比相应节点的试验值小，受剪承载力公式偏于安全且具有一定安全储备。

8 工 程 应 用

8.1 研究背景

钢筋混凝土框架结构在地震作用下梁柱节点会发生塑性形变,其框架体系的梁端和柱端将会形成塑性铰。梁柱的塑性铰合理出现对结构体系的抗震性能有重大意义。我国抗震设计规范规定框架体系“强柱弱梁,强剪弱弯”的设计原则,这一规定的目的是为了确定梁柱出现塑性铰的顺序,优先让梁端出铰,尽可能避免在柱端出现塑性铰,进而使结构因为塑性铰的出现形成框架破坏结构。现阶段,对高强钢筋的研究还处在梁、柱以及节点等建筑构件的层面,而单个构件的研究范围以及得到的结论毕竟有限,缺少结构层次的研究成果,因此进行结构层析的相关分析十分有必要,这不仅能够提供构件层次无法得到的研究成果,同时还能和构件层次得到的结果相互对比和印证,因此建立起高强钢筋混凝土框架结构模型并对其进行分析具有重大的研究意义。本章基于有限元软件建立配置高强钢筋混凝土框架的分析模型,通过与现有试验结果和仿真模拟结果的对比,验证有限元软件对框架结构模拟分析的可行性,进一步分析高强钢筋混凝土框架结构的受力性能。

HRB600 级钢筋是我国冶金行业新研制开发的与发达国家接轨的用于混凝土结构的性能优良的热轧高强度钢筋,其抗拉强度标准值 $f_{yk}=600\text{N/mm}^2$,延性指标达到了欧洲规范 MC90 规定的 S 级(优级)和欧洲规范《建筑结构抗震设计规定》(ENV8)的要求。

对配置 HRB600 钢筋的混凝土构件试验研究表明,将这种新型钢筋用于混凝土结构工程时,其承载力、挠度、裂缝宽度的计算,以及锚固搭接长度和钢筋连接等,均可按照《混凝土结构设计规范》(GB 50010—2010)中的相关规定进行,屈服强度设计值取 $f_y=500\text{MPa}$。

天津市河北工业大学北辰校区校园内的生物辐照技术研究中心,占地规划面积 4811m^2,建筑总面积 1984.25m^2,为 A、B 两个区,室内外高差均 0.45m。A 区地上三层, B 区地上一层。A、B 区均采用框架结构,现浇钢筋混凝土梁板承重体系。该工程以A、B区设置防震缝。试点工程采用的HRB600钢筋由河北钢铁承德钢铁分公司供货,为便于组织生产供货,设计中HRB600钢筋的直径采用18、20、22、25mm四种规格。试点工程于2015年11月正式开工建设。

8.2 框架破坏机制

在结构的失效阶段,某些特定的部件会发生累积的损伤。框架结构的损伤主要集中在梁、柱构件两端进入塑性阶段后形成的塑性铰位置,这也是进入塑性阶段后框架结构的主要耗能部分。框架结构破坏可分为梁铰机构和柱铰机构两类。图8.1为结构发生柱铰破坏时的实际震害图。

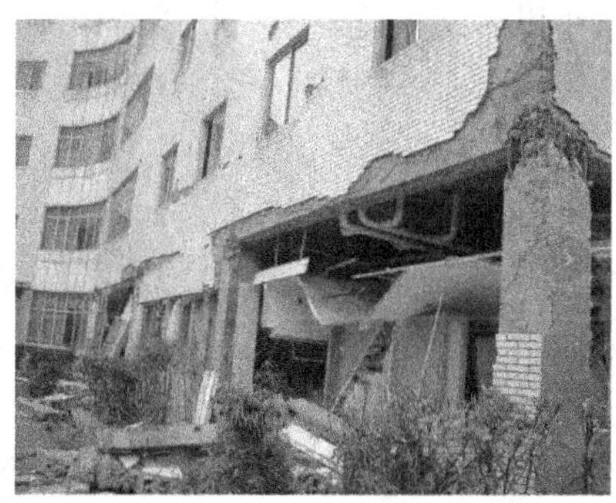

图8.1 柱铰破坏的实际震害见图

进行框架结构抗震设计的主要目的就是防止梁铰以及柱铰两种破坏机制的出现,起到对塑性铰出现的时间和位置的人为事前控制,主要手段就是通常说的"强柱弱梁",保证框架柱端的承载能力足够,在经受一定的荷载作用情况下尽量处于弹性状态。同时,构件梁端应该具备足够的延性和耗能能力,将地震发生时输入的能量先尽可能多地耗散掉。需要说明的是,强柱弱梁并不是完全避免柱端塑性铰的出现,而是避免层间柱同时出现塑性铰从而形成层屈服机制。出现柱端塑性铰是正常的,此时结构所处的状态是介于梁段和柱端破坏机制共同出现的混合破坏机制。

在设计框架结构的破坏机制时,一般的思路是尽可能地延迟塑性铰的出现,但并不是要求完全避免出现梁柱的塑性铰。也就是说,该结构最终处于混合破坏机理的状态,根据工程实践证明,这种设计方法是合理的。我国的具体规范还指出,增加柱端弯矩的目的是适度延迟柱端塑性铰的发生,而不是避免柱端塑性铰的发生。因此在对框架结构进行低周往复受力性能分析时,对其破坏机制的分析是非常重要的。

8.3 有限元模型的建立

本章的框架结构低周往复受力分析模型基于 ETABS 有限元软件建立,单元类型采用了带有纤维截面的梁柱单元,考虑到模型的收敛性,混凝土本构关系采用了修正的 Kent-Park 的混凝土本构模型,钢筋采用了 Menegotto-Pinto 钢筋本构模型。

材料本构关系对于分析结果的准确性有着重要的影响,ETABS 软件之中包含了很多的本构关系供用户选择,为了能够让分析结果相对可靠,本章选用的是近些年以来广泛被采用在非线性分析领域、理论相对比较成熟的本构模型,以下将具体对这一本构模型进行介绍。

8.3.1 混凝土本构

现阶段主要的混凝土本构模型有 Kent-Park 混凝土本构模型。最基本的 Kent-Park 混凝土本构模型只考虑了混凝土受压性能,没有考虑混凝土受拉,所以采用该本构模型时受拉区混凝土的刚度为零。

模型是修正后的 Kent-Park 混凝土本构模型,该本构模型的受压区曲线分为上升段、下降段和平台段三部分,其本构曲线如图 8.2 所示,修正后的本构模型受压骨架曲线见图 8.3。

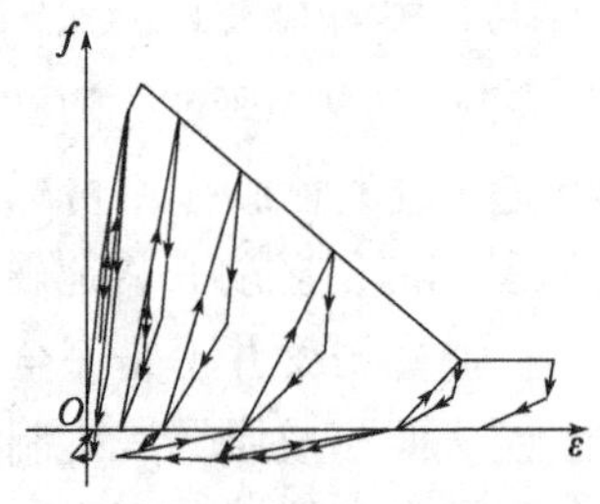

图 8.2 修正后的 Kent-Park 混凝土本构模型

图 8.3 修正后的 Kent-Park 混凝土本构受压曲线

混凝土的极限应力出现在应变为 0.002K 的时候,应力—应变表达式为:

上升段,即 $\varepsilon_c \leqslant 0.002K$ 时

$$f_c = Kf'_c\left[\frac{2\varepsilon_c}{0.002K} - \left(\frac{\varepsilon_c}{0.002K}\right)^2\right] \tag{8.1}$$

下降段,即 $\varepsilon_c > 0.002K$ 时

$$f_c = Kf'_c[1 - Z_m(\varepsilon_c - 0.002K)] \tag{8.2}$$

且$f_c \geq 0.2Kf'_c$

其中:

$$K = 1 + \frac{\rho_s f_{yh}}{f'_c} \tag{8.3}$$

$$Z_m = \frac{0.5}{\dfrac{3 + 0.29f'_c}{145f'_c - 1000} + 0.75\rho_s\sqrt{\dfrac{h''}{S_h}} - 0.002K} \tag{8.4}$$

式中:K——考虑箍筋约束所引起的混凝土强度增强系数;

Z_m——应变软化段斜率;

f'_c——混凝土圆柱体抗压强度;

f_{yh}——箍筋的屈服强度;

ρ_s——试件的体积配箍率;

h''——从箍筋外边缘算起的核心混凝土宽度。

Scott 等将核心混凝土的极限压应变相对保守地取为首根约束箍筋断裂时的混凝土应变,将保护层混凝土脱落失效时的应变取为0.004,约束混凝土的极限压应变按下式确定:

$$\varepsilon_{max} = 0.004 + 0.9\rho_s\left(\frac{f_{yh}}{300}\right) \tag{8.5}$$

式中:f_{yh}的单位取为 MPa。

修正后的 Kent-Park 混凝土本构模型的受拉力学性能对受拉刚化效应以及损伤进行了考虑。受拉区骨架曲线由峰值前后的两段直线组成:上升段和下降段。如图8.4 所示,修正后的 Kent-Park 本构模型考虑到了混凝土的受拉性能,同时受拉段刚度随着混凝土进入受压阶段程度的加深而下降,当峰值拉应力不断降低至零时,混凝土部分丧失受拉承载力。

8.3.2 钢筋本构

Giuffre-Menegotto-Pinto 钢筋本构模型于1973 年由 Menegotto 和 Pinto 提出,1991 年 Taucer 等人从考虑等向应变硬化的影响方面,对原本构模型进行修正,其骨架曲线为双线性模型。该模型采用应变的显函数表达形式,计算效率非常高,并且与实验结果拟合较好,也可以考虑包辛格效应。该本构模型的应力-应

变关系可以用图 8.5 所示的过渡曲线表示,过渡曲线的公式如下:

$$\sigma^* = b\,\varepsilon^* + \frac{(1-b)\varepsilon^*}{(1+\varepsilon^{*R})^{1/R}} \tag{8.6}$$

式中:σ^*、ε^*——归一化的应力和应变,参数 R 表示过渡曲线曲率。可以通过 R 调整钢筋的包辛格效应。

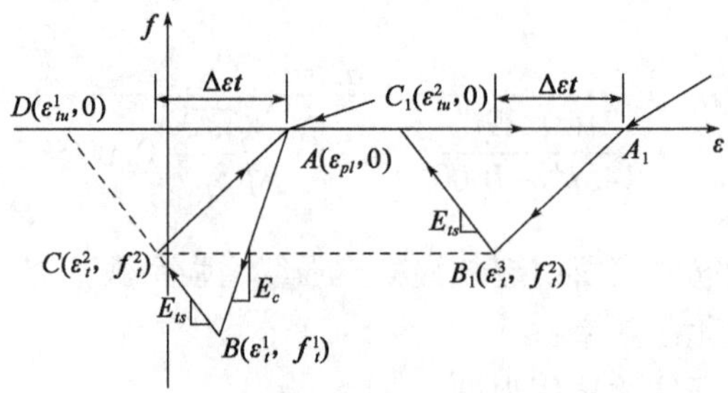

图 8.4　修正后的 Kent-Park 混凝土本构受拉曲线

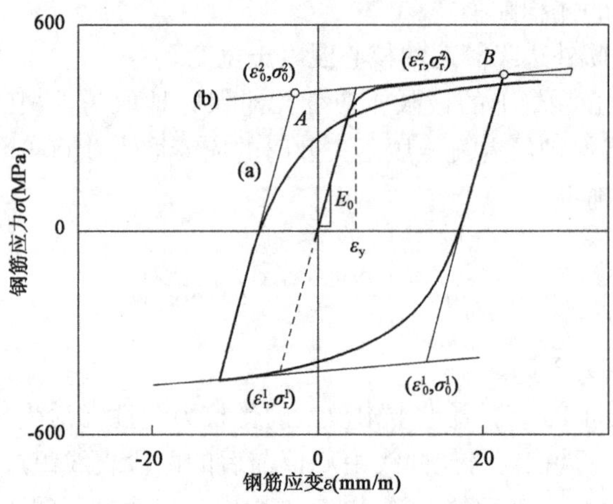

图 8.5　Menegotto-Pinto 钢筋本构模型

$$E_1 = bE_0 \tag{8.7}$$

$$\begin{cases} \sigma^* = \dfrac{\sigma - \sigma_r}{\sigma_0 - \sigma_r} \\ \varepsilon^* = \dfrac{\varepsilon - \varepsilon_r}{\varepsilon_0 - \varepsilon_r} \end{cases} \tag{8.8}$$

式中:σ_r、ε_r——反向加载点应力应变值;

σ_0、ε_0——延长线交点处应力应变值；

E_0、E_1——钢筋弹性模量和屈曲后弹性模量；

b——钢筋材料的硬化系数。

$$\sigma_0 = E_s(\varepsilon_0 - \varepsilon_r) + \varepsilon_r \tag{8.9}$$

$$\varepsilon_0 = \begin{cases} \dfrac{\sigma_{sy} - \sigma_r + E_0(\varepsilon_r - b\,\varepsilon_{sy})}{E_0(1-b)} (\Delta\varepsilon_s \geqslant 0) \\ \dfrac{-\sigma_{sy} - \sigma_r + E_0(\varepsilon_r + b\,\varepsilon_{sy})}{E_0(1-b)} (\Delta\,\varepsilon_s < 0) \end{cases} \tag{8.10}$$

式中：$\Delta\varepsilon_s$——应变增量；

σ_{sy}、ε_{sy}——钢筋屈服应力应变值。

$$R = R_0 - \frac{a_1\xi}{a_2 + \xi} \tag{8.11}$$

式中：R_0——c 初始加载时曲线的曲率系数；

a_1、a_2——往复加载时曲率的退化系数；

ξ——应变历史上最大应变的参数，按下式进行计算：

$$\xi = \left| \frac{\varepsilon_m - \varepsilon_0}{\varepsilon_y} \right| \tag{8.12}$$

式中：ε_m——应变历史上最大应变；

ε_y——钢筋屈服应变。

8.4 高强钢筋对混凝土框架影响分析

8.4.1 结构分析模型

项目应用工程为河北工业大学生物辐照技术研究中心，工程占地规划面积 4811m^2，建筑总面积 1984.25m^2，为 A、B 两个区，现选取建筑 A 区为例（图 8.6），建筑地上三层，首层层高为 4.50m，二层层高为 4.20m，三层层高 3m；采用框架结构，现浇钢筋混凝土梁板承重体系；抗震烈度为 7 度，工程按 8 度（0.20g）、框架结构抗震等级为 II 级对应采取抗震构造措施，基本风压 0.50kN/m，基本雪压 0.40kN/m，楼面恒荷载取 4kN/m^2，活荷载取 2kN/m^2，梁上线荷载取 6.5kN/m^2。

梁柱均采用 C35 混凝土。

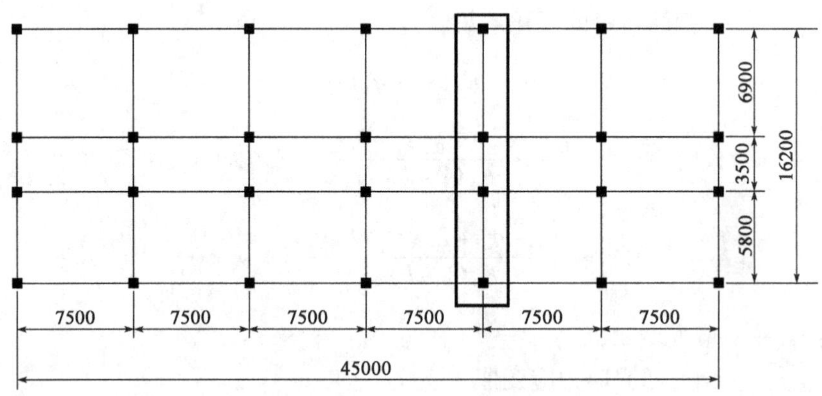

图 8.6　河北工业大学生物辐照技术研究中心 A 区框架平面图(尺寸单位:mm)

采用有限元软件进行模拟分析时,考虑到程序计算的收敛性和程序的计算速度,本次模拟分析对原有模型进行了简化分析,选取图 8.6 结构平面图中蓝框内的平面框架作为分析对象,采用低周往复的荷载加载方式对其进行模拟分析。有限元模拟时首先将其楼面荷载进行折算,将其折算为框架柱的荷载并施加在柱顶,再将水平低周往复荷载施加在该品框架的顶层处进行抗震性能模拟。模型 1 的框架中梁和框架柱的箍筋和纵筋均选用 HRB600E 钢筋,并将此模型命名为 FZL-600;模型 2 的框架中梁和框架柱的箍筋和纵筋均选用 HRB500 钢筋,并将此模型命名为 FZL-500;模型 3 的框架中梁和框架柱的箍筋和纵筋均选用 HRB400 钢筋,并将此模型命名为 FZL-400。FZL-600 的各层框架柱以及梁的配筋图如图 8.7 所示,FZL-500 和 FZL-400 仅纵筋和箍筋的强度发生相应的变化,其余的配筋形式不变。模型中使用到的钢筋及混凝土的材性数据参照《混凝土结构设计规范》(GB 50010—2010)取值,各模型的设计参数及所用材料的材性属性如表 8.1 和表 8.2 所示。

框架设计参数　　表 8.1

试 件 名 称	钢 筋 种 类	梁钢筋种类	混凝土强度等级
FZL-600	HRB600E	HRB600E	C35
FZL-500	HRB500	HRB500	C35
FZL-400	HRB400	HRB400	C35

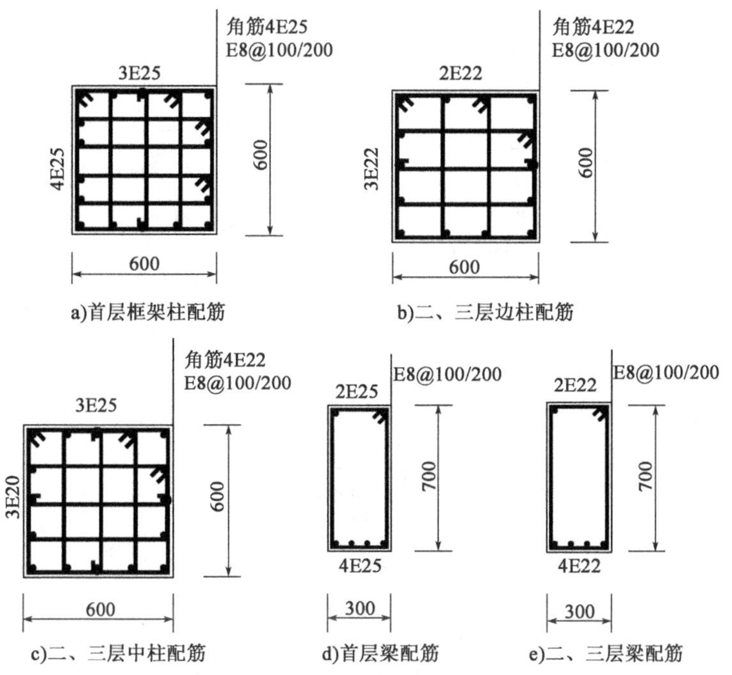

a)首层框架柱配筋　b)二、三层边柱配筋　c)二、三层中柱配筋　d)首层梁配筋　e)二、三层梁配筋

图 8.7　混凝土框架 FZL-600 柱截面及梁截面配筋(尺寸单位:mm)

框架材料特性　表 8.2

种类	钢筋			混凝土	
	屈服强度标准值(MPa)	极限强度设计值(MPa)	弹性模量(10^5 MPa)	轴心抗压强度标准值(MPa)	弹性模量(10^4 MPa)
HRB400	400	540	2.00	20.1	3.00
HRB500	500	630	2.00		
HRB600	600	750	2.00		

8.4.2　框架截面属性

ETABS 的截面设计程序 CSISD 是针对构件截面的弯矩-曲率的分析程序,它是一个综合的截面分析程序,通过输入钢筋混凝土截面的相关参数,包括混凝土和钢筋种类、截面尺寸、钢筋直径等,直接生成截面弯矩—曲率曲线、轴力—弯矩曲线等。

采用其程序设计该次模拟的框架梁、柱截面,并计算截面的弯矩—曲率曲线和轴力—弯矩相关曲线,3 个框架模型计算结果如图 8.8 ~ 图 8.10 所示,构件编号与模拟编号相同,轴力—弯矩曲线分为 P-M2 曲线和 P-M3 曲线两组。

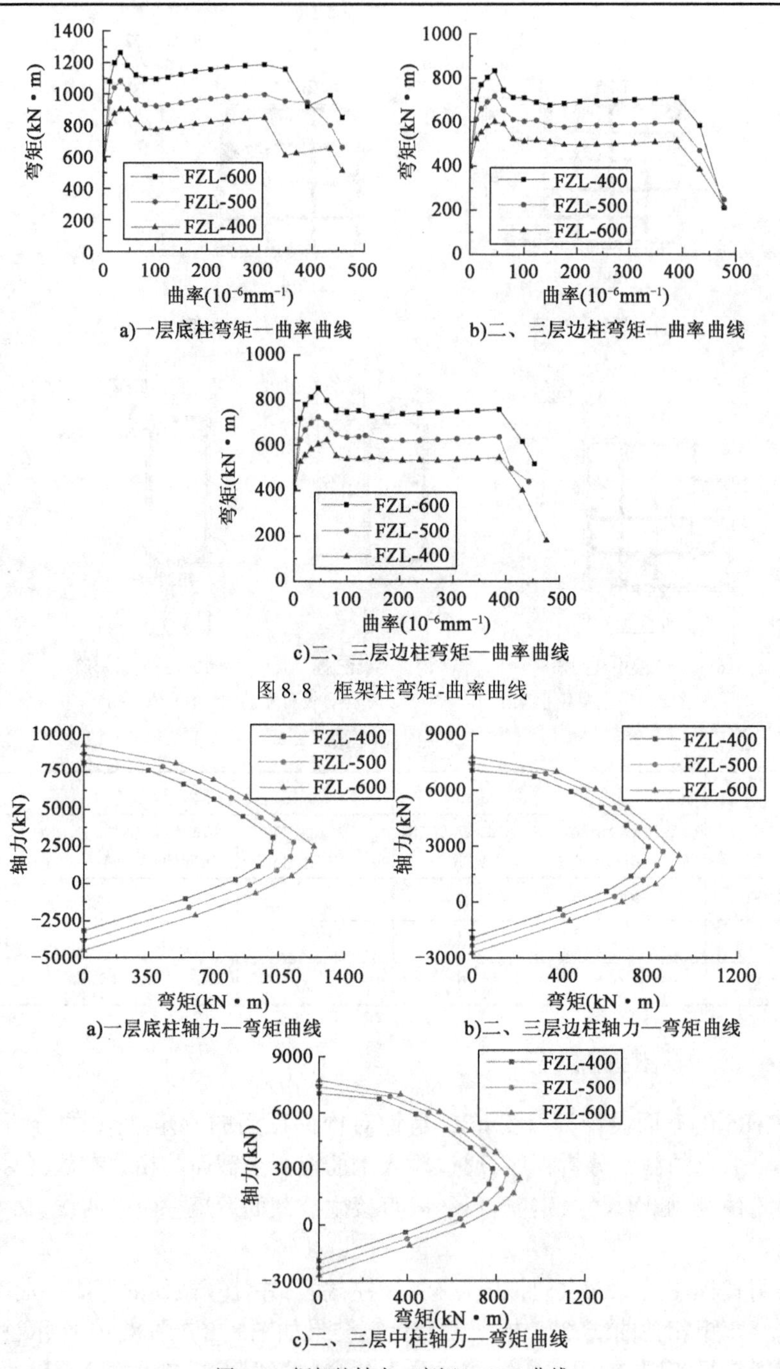

图 8.8　框架柱弯矩-曲率曲线

图 8.9　框架柱轴力—弯矩(P-M2)曲线

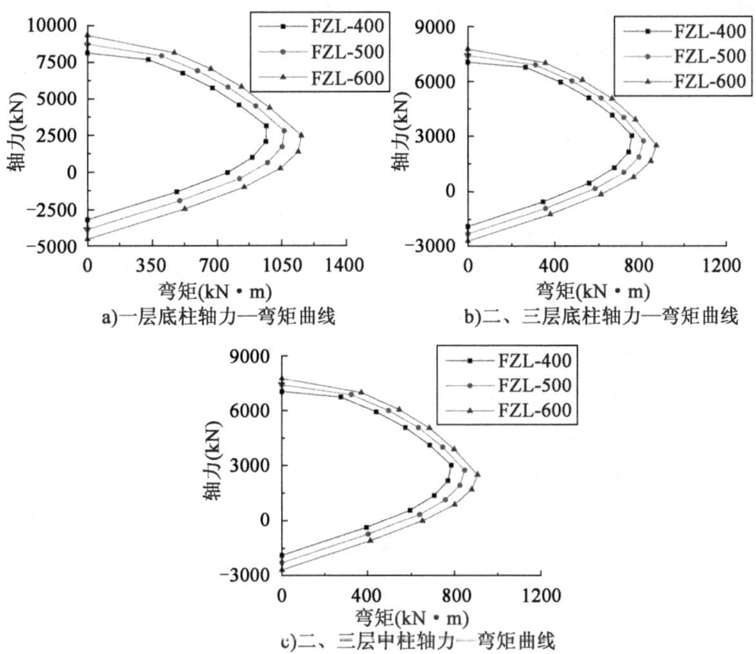

图 8.10　框架柱轴力—弯矩(P-M3)曲线

从曲线分析可得,配置 HRB600E 钢筋的混凝土柱相比其他两种截面形式,截面抗弯能力显著提升。

在轴力-弯矩曲线中,两者呈现显著的非线性关系,但随着钢筋强度的增加,曲线呈现为等间隔的增加。在其承载力的范围内,两个不同的轴力作用下的弯矩承载力相同。

框架的柱和梁均为非线性梁柱单元,设定有 6 个自由度可以进行三维的平动和转动。根据框架中梁柱的受力特性,本次模拟设置了不同的塑性铰,以反映构件的弹塑性性能。对梁设置弯矩铰即 M3 铰,位置为在梁的 $0.05L$ 和 $0.95L$ 处,其中 L 为构件的计算长度。对于框架柱设置轴力、弯矩耦合铰即 P-M2-M3 铰,位置为在框架柱的 $0.05L$ 和 $0.95L$ 处,其中 L 为梁的计算长度。可对上面用 CSISD 生成的弯矩-曲率曲线进行等效线性化处理,转化为简化形式的塑性铰本构关系。

8.4.3　破坏机制

HRB600E 钢筋具有高强度、高变形能力的特点,在框架结构中配置高强度钢筋后,在一定程度上可以减缓柱铰的出现,优先让梁端先产生塑性铰,让结构发生合理的梁铰破坏。图 8.11 显示了三个钢筋混凝土框架平面在基于 ETABS 有限元软件计算后,结构破坏时的框架梁柱塑性铰的分布情况。基于软件模拟结果分析可得:

(1)三个框架破坏时破坏机构均在底层形成,表明对于混凝土框架结构,底层为其薄弱部位。

(2)模拟中三个模型均在一至三层形成梁端塑性铰,性能目标中框架上部梁铰多处于 LS 阶段,柱铰多处于 IO 阶段。但配置 HRB600E 钢筋的混凝土框架在三层出铰少于另外两个模型,这表明在结构中配置高强钢筋在一定程度上可以使塑性铰较晚出现。然而,建立的三种框架结构模型都没有产生理想破坏结构,三种框架结构都是在梁端塑性铰没有全部出现时,结构底部柱端产生塑性铰导致结构破坏。这说明单靠“强柱弱梁”的设计原则和改变材料强度的方法并不能满足理想的梁铰结构破坏情况。

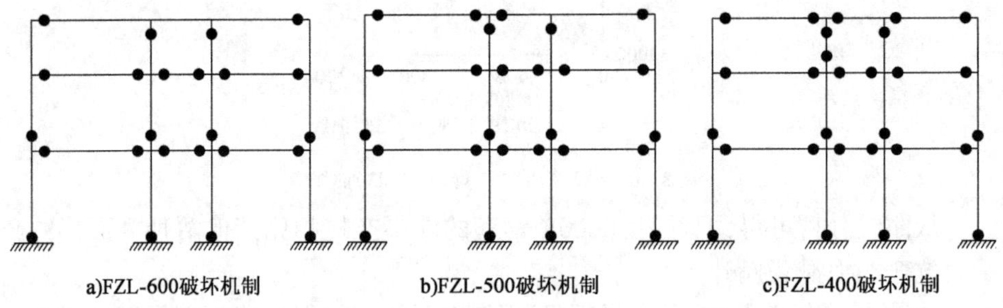

图 8.11　混凝土框架破坏机制

通过对三个模型的破坏模式的比较可以看出,在混凝土框架结构中加入高强的钢筋可以在一定程度上延缓结构的塑性铰出现,延长结构的弹性段,有利于结构在地震后的修复。

8.4.4　层间位移角

一般情况下,框架结构变形能力用结构的层间位移角来衡量,三个模型在破坏状态下的层间位移角随楼层的变化情况见图 8.12。可以发现框架结构层间位移角随楼层高度的增加而增大,并且变形能力最差的是底层为混凝土框架,说明混凝土框架的变形能力受到底层的影响比较多。对各个模型极限层间位移角进行对比分析可以看出 FZL-600 各层层间位移与 FZL-500 试件并没有很大的差别。结果表明,结构中高强钢筋的配置并没有显著降低框架各层的变形能力。造成这种现象的原因是高强度钢筋具有较好的延性。层间位移角随楼层高度的增加而减小,底层变形能力最差。说明底层是混凝土框架结构变形比较弱的位置。根据本章的计算结果,配置高强钢筋的混凝土框架结构底层层间位移角的大小是满足规范中的限值要求的,可以较好地体现出框架结构的塑性变形能力。

8.4.5 荷载-水平位移的关系曲线

本章通过对各模型的荷载-水平位移曲线进行对比分析,研究配置高强钢筋对框架承载力和变形能力等性能的影响。图 8.13 所示为分别配置 HRB600E、HRB500 和 HRB400 钢筋的混凝土框架结构其荷载-水平位移的关系曲线对比结果。由对比结果可知:FZL-600 模型的极限位移显著大于 FZL-400;配置 HRB600E 的混凝土框架结构的承载力较其余两个模型也有较大提升,这表明配置高强钢筋可以显著提升混凝土框架的变形能力和承载能力。

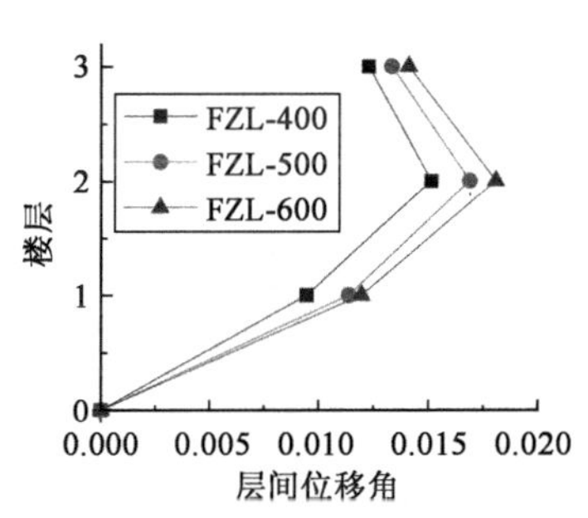

图 8.12 混凝土框架层间位移角

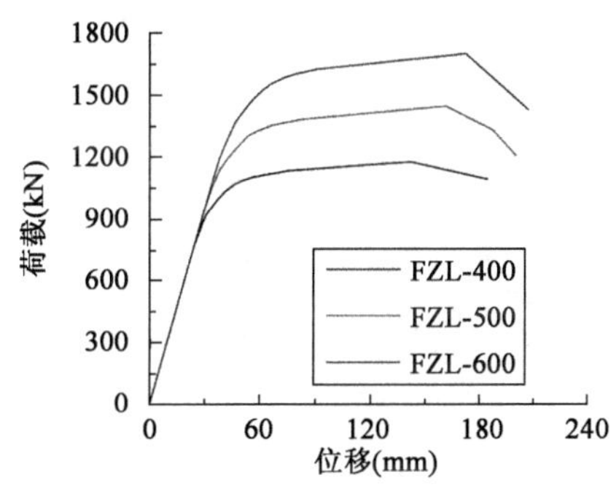

图 8.13 荷载-水平位移的关系曲线

8.5 本章小结

本章主要建立了高强钢筋混凝土框架的有限元分析模型,首先模拟了河北工业大学生物辐照技术研究中心结构,对软件的有效性进行了验证,基于该结论,本章对比分析了分别配置 HRB600E、HRB500 和 HRB400 钢筋的混凝土框架的性能差异,得到如下结论:

基于 CSISD 截面设计程序,配置 HRB600E 钢筋的混凝土柱相比其他两种截面形式,截面抗弯能力得到了显著的提高。在轴力—弯矩曲线中,随着钢筋强度的增加,承载力与钢筋强度之间呈现显著的线性相关关系。在承载力的范围内,两个不同轴力作用下的弯矩承载力相同。

基于 ETABS 有限元分析软件对混凝土框架结构模拟的结果可知,混凝土框架结构配置高强钢筋后仍具有较好的延性,且层间位移角满足现行规范提出的要求,达到规范规定的框架结构塑性变形允许范围;将 HRB600E 钢筋配置在混凝土框架结构可以延缓塑性铰产生的时间并对结构的承载力以及延性等各项性能的提升有着显著的作用,并且能够对结构的震后修复十分有益。

参 考 文 献

[1] 贡金鑫,魏巍巍,胡家顺. 中美欧混凝土结构设计[M]. 北京:中国建筑工业出版社,2007.

[2] European Standard. Eurocode 2: Design for Concrete Structure-part 1: General rules and rules for buildings (prEN 1992-1-1) [S]. European Committee for Standardization,2004

[3] 住房和城乡建设部标准定额司. 高强钢筋应用技术指南[M]. 北京:中国建筑工业出版社,2013.

[4] 张婧. 600MPa 级高强钢筋用钢成分与控冷工艺的研究[D]. 北京: 北京科技大学,2016.

[5] 杨晶文. 600MPa 级钢筋混凝土框架节点的延性性能研究[D]. 南京: 东南大学,2014.

[6] Wallace J W, Mcconnell S W, Gupta P, et al. Use of headed reinforcement in beam-column joints subjected to earthquake loads [J]. ACI Structural Journal, 1998,95(05):590-606.

[7] Building Code Requirements for Structural Concrete and Commentary (ACI 318-02) [S]. Farmington Hills: American Concrete Institute,2002.

[8] Kuchma D A, Collins M P. The Influence of T-headed bars on the strength and ductility of reinforced concrete wall elements [M]. University of Toronto, Paper Presented at the Spring Conference of the American Concrete Institute, Seattle, Washington,1997.

[9] Park H K, Yoon Y S, Kim Y H. The effect of head plate details on the pull-out behaviour of headed bars [J]. Magazine of Concrete Research,2003,55(06): 485-496.

[10] Thompson M K, Ziehl M J, Jirsa J O, et al. CCT nodes anchored by headed bars-Part 1: Behavior of nodes [J]. ACI Structural Journal,2005,102(06): 808-815.

[11] Thompson M K, JO Jirsa, JE Breen. CCT nodes anchored by headed bars-Part 2: Capacity of nodes [J]. ACI Structural Journal,2006,103(01):65-73.

[12] Thompson M K, Jirsa J O, Breen J E. Behavior and capacity of headed reinforcement [J]. ACI Structural Journal, 2006, 103(04):522-530.

[13] Chun S C, Oh B, Lee S H, et al. Anchorage Strength and Behavior of Headed Bars in Exterior Beam-Column Joints [J]. ACI Structural Journal, 2009, 106(05):579-590.

[14] Chun S C, Lee J G. Anchorage strengths of lap splices anchored by highstrength headed bar [C]. In: JGM Van Mier. 8th International Conference on Fracture Mechanics of Concrete and Concrete Structures. Toledo: International Center for Numerical Methods in Engineering, 2013:525-531.

[15] 汪洪,徐有邻,史志华. 钢筋机械锚固性能的试验研究[J]. 工业建筑, 1991, 11:36-40.

[16] 李智斌. 带锚固板钢筋机械锚固性能的试验研究[D]. 天津:天津大学, 2005.

[17] 刘立新,赵镇,张龑,等. 带扩大套头钢筋机械锚固性能的试验研究[J]. 郑州大学学报(工学版), 2008, 29(03):103-107.

[18] 李智斌,吴广彬,王依群. 带锚固板钢筋机械锚固性能研究进展及趋势[J]. 建筑科学, 2008, 24(05):91-94.

[19] 高巧玲. 带锚板的梁-墙平面外连接节点受力性能和破坏机理研究[D]. 重庆:重庆大学, 2009.

[20] 李雪. HRB500 钢筋机械锚固性能的试验研究[D]. 天津:河北工业大学, 2010.

[21] 温纬立. 具有镦头结构的冷轧带肋钢筋锚固性能试验研究[D]. 广州:华南理工大学, 2010.

[22] 李海瑞. 高强钢筋与混凝土锚固性能试验研究[D]. 天津:天津大学, 2013.

[23] Ashour S A, Mahmood K, Wafa F F. Influence of steel fibers and compression reinforcement on deflection of high-strength concrete beams[J]. ACI Structural Journal. 1997, 94(6): 611-624.

[24] El-Hacha R, Rizkalla S. Fundamental Material Properties of MMFX Steel Rebars [D]. NCSU-CFL Report No. 02-04, Constructed Facilities Laboratory (CFL), North Carolina State University, Raleigh, NC, 2002.

[25] Peter H Bischoff. Reevaluation of Deflection Prediction for Concrete Beams Reinforced with Steel and Fiber Reinforced Polymer Bars [J]. Journal of Structural Engineering, 2005.

[26] Juan de Dios Garay, Adam S. Lubell. Behavior of concrete deep beams with high strength reinforcement[J]. Structures Congress,2008.

[27] Juande Dios Garay-Moran, Adam S. Lube. Behavior of concrete deep beams with high strength reinforcement[J]. Structures Congress,2008,5.

[28] Abdalla J A, Hawileh R A, Ouda ect. K of Energy-based prediction of low-cycle fatigue life ofBS 460B and BS B500B steel bars [D]. Materials&Design, 2009,30(100), 4405-4413

[29] Hooman Tavallali. Cyclic response of concrete beams reinforced with ultrahigh strength steel[D]. Pennsylvania,The Pennsylvania State University,2011.

[30] Shahrooz B M, Miller R A, Harries K A, et al. Design of concrete structures usinghigh-strength steel reinforcement[R]. NCHRP Report 679, Transportation Research Board,83 pp + appendices,2011.

[31] Kent A. Harries, Bahram M. Shahrooz, Amir Soltani. Flexural crack widths in concrete girders with high-strength reinforcement [J]. Journal of Bridge Engineering,2012,17(5):804-812.

[32] Amir Soltani, Kent A. Harries, Bahram M. Shahrooz. Crack opening behavior of concrete reinforced with high strength reinforcing steel[J]. International Journal of Concrete Structures and Materials,2013,7(4):253-264.

[33] Choi Won-Seok, et al. Experimental study for class B lap splice of 600MPa (87ksi) reinforcing bars[J]. ACI Structures Journal,2014,111(1):49-58.

[34] C. Mias, L. Torres, M. Guadagnini, et al. Short and long-term cracking behaviourof GFRP reinforced concrete beams[J]. Composites Part B,2015, 77:223-231.

[35] Shilpi Mandadi. Analytical study of the behavior of beams reinforced with high strength reinforcing bars[D]. San Antonio, The University of Texas at San Antonio,2016.

[36] Magda I Mousa. Effect of bond loss of tension reinforcement on the flexural behaviour of reinforced concrete beams[J]. Housing and Building National ResearchCenter,2016,12:235-241.

[37] Juande Dios Garay-Moran, Adam S. Lube. Behavior of deep beams containing high-strength longitudinal reinforcement[J]. ACI Structures Journal,2016,113 (1):17-28.

[38] 张艇. HRB500 级钢筋混凝土构件受力性能的试验研究[D]. 郑州:郑州大

学,2004.

[39] 徐风波. HRB500 级钢筋混凝土梁正截面受力性能试验及理论研究 [D]. 长沙:湖南大学, 2007.

[40] 张鹏. 500MPa 钢筋混凝土梁受弯性能试验研究[D]. 天津:河北工业大学,2007.

[41] 李艳艳. 配置 500MPa 钢筋的混凝土梁受力性能的试验研究[D]. 天津:天津大学,2007.

[42] 王全凤,刘凤谊,杨勇新,等. HRB500 级钢筋混凝土简支梁受弯试验[J]. 华侨大学学报,2007,28(3):300-303.

[43] 杨平安. 长期荷载作用下配置 500MPa 级钢筋混凝土受弯构件裂缝宽度及挠度试验研究[D]. 重庆:重庆大学,2009.

[44] 丁振坤,邱洪兴,胡涛,等. HRB500 级钢筋混凝土梁受弯刚度试验 [J]. 建筑科学与工程学报, 2009(1): 115-120

[45] 李志华,苏小卒,赵勇. 配置高强钢筋的混凝土梁裂缝试验研究[J]. 土木工程与建筑环境,2010,32(1):51-55.

[46] 赵勇,王晓峰,苏小卒,等. 配置 500MPa 钢筋的混凝土梁裂缝试验研究[J]. 浙江大学学报,2011,39(1):29-34.

[47] 金伟良,陆春华,王海龙,等. 500 级高强钢筋混凝土梁裂缝宽度试验及计算方法探讨[J]. 土木工程学报,2011,44(3):16-23.

[48] 蒋遨宇,陈驹,金伟良. HRB500 级钢筋混凝土梁受弯性能分析[J]. 浙江大学学报(工学版),2013,47(9):1566-1671.

[49] 张未. 高强钢筋增强混凝土受弯构件刚度裂缝研究[D]. 南京:东南大学,2011.

[50] 王海涛. 配置 600MPa 级钢筋混凝土梁试验研究及有限元分析[D]. 天津:河北工业大学,2015.

[51] 管俊峰,张谦,王伟夙,等. 600MPa 级新型高强抗震钢筋的混凝土梁抗裂性能研究[J]. 混凝土,2016,(7):49-52.

[52] 陈晨. 600MPa 级钢筋混凝土构件受力性能试验研究[D]. 昆明:昆明理工大学,2016.

[53] 张建伟,姜立伟,乔崎云,等. HRB600 级钢筋高强混凝土梁受弯性能试验研究[J]. 工业建筑,2017,47(6):6-12.

[54] Rautenberg J M, Pujol S, Tavallali H, et al. Reconsidering the use of highstrength reinforcement in concrete columns [J]. Steel Construction, 2012, 37 (4):

135-142.

[55] Rautenberg J M, Pujol S, Tavallali H, et al. Drift Capacity of Concrete Columns Reinforced with High-Strength Steel[J]. Aci Structural Journal, 2013, 110(2):307-317.

[56] Rodrigues H, Arêde A, Varum H, et al. Experimental evaluation of rectangular reinforced concrete column behaviour under biaxial cyclic loading[J]. Earthquake Engineering & Structural Dynamics, 2013, 42(2):239-259.

[57] Pham T P, Li B. Seismic Performance of Reinforced Concrete Columns with Plain Longitudinal Reinforcing Bars[J]. Aci Structural Journal, 2014, 111(3):561-572.

[58] Zhang X D, Zhou Z, Tao L I. Experimental research on seismic behavior of high-strength concrete columns with high-strength stirrup[J]. Journal of Guangxi University, 2015.

[59] Wenjie G E, Zhang J, Cao D, et al. Seiemec performance analysis of RC frame with fine grained high strength steel bar[J]. World Earthquake Engineering, 2015, 31(1):187-196.

[60] Shin H O, Yoon Y S, Cook W D, et al. Enhancing the confinement of ultrahigh-strength concrete columns using headed crossties[J]. Engineering Structures, 2016, 127:86-100.

[61] Vu N S, Yu B, Li B. Prediction of strength and drift capacity of corroded reinforced concrete columns[J]. Construction & Building Materials, 2016, 115:304-318.

[62] Ding H, Liu Y, Han C, et al. Seismic Performance of High-Strength Short Concrete Column with High-Strength Stirrups Constraints[J]. Transactions of Tianjin University, 2017, 23(4):1-10.

[63] 邓艳青. HRB500 钢筋混凝土柱的抗震性能试验研究[D]. 重庆：重庆大学, 2010.

[64] 王晓锋, 傅剑平, 朱爱萍, 等. 配置 HRB500 级钢筋混凝土柱抗震性能模拟分析[J]. 建筑结构学报, 2011, 32(8):99-105.

[65] 傅剑平, 邓艳青, 王晓锋, 等. 考虑箍筋约束的 HRB500 级纵筋柱抗震性能试验研究[J]. 工业建筑, 2012, 42(1):78-84.

[66] 王晓锋. 配置高强钢筋混凝土框架柱抗震性能研究[D]. 北京：中国建筑科学研究院, 2013.

[67] 苏俊省,王君杰,王文彪,等. 配置高强钢筋的混凝土矩形截面柱抗震性能试验研究[J]. 建筑结构学报,2014,35(11):20-27.

[68] 王君杰,苏俊省,王文彪,等. 配置 HRB500E,HRB600 钢筋的混凝土圆柱抗震性能试验[J]. 中国公路学报,2015,28(5):93-100.

[69] 宋坤,李振宝. 不同加载角度与轴压比下 RC 短柱抗震性能试验研究[J]. 世界地震工程,2015,31(1):069-75.

[70] 邵运达,李振宝,解咏平. 高强箍筋约束足尺混凝土柱抗震性能试验研究[J]. 建筑结构,2015(20):57-62.

[71] 陈晨. 600MPa 级钢筋混凝土构件受力性能试验研究[D]. 昆明: 昆明理工大学,2016.

[72] 刘晓. 高强钢筋异形柱抗震性能试验和理论分析[D]. 天津: 天津大学,2016.

[73] 赵少伟,韩松,朱凯. 600MPa 级钢筋混凝土短柱抗震性能研究[J]. 工业建筑,2017,47(06):1-5 +12.

[74] 戎贤,乔超男,杨春晖. 配置 600 MPa 级钢筋的十字形柱抗震性能试验研究[J]. 工业建筑,2017,47(6):17-21.

[75] 戎贤,段微微,王浩. 配置 600 MPa 级高强钢筋 T 形柱抗震性能试验研究[J]. 土木建筑与环境工程,2017,39(2):148-154.

[76] Lloyd, Natalie Anne, et al. Studies on high-strength concrete columns under eccentric compression[J]. ACI Structural Journal,1996,93(6):631-638.

[77] Canbay E, Ozcebe G, Ersoy U. High-Strength Concrete Columns under Eccentric Load[J]. Journal of Structural Engineering,2006,132(7):1052-1060.

[78] Hadi M N S. Behaviour of FRP wrapped normal strength concrete columns under eccentric loading[J]. Composite Structures,2006,72(4):503-511.

[79] Hadi M N S. Comparative study of eccentrically loaded FRP wrapped columns [J]. Composite Structures,2006,74(2):127-135.

[80] Hadi M N S. Behaviour of FRP strengthened concrete columns under eccentric compression loading[J]. Composite Structures,2007,77(1):92-96.

[81] Hadi M N S. Behaviour of eccentric loading of FRP confined fibre steel reinforced concrete columns[J]. Construction & Building Materials,2009,23(2):1102-1108.

[82] 杨志刚. FRP 加固混凝土偏心受压柱力学性能的试验研究[J]. 郑州大学学报(工学版),2010,31(5):86-89.

[83] Montuori R, Piluso V. Reinforced concrete columns strengthened with angles and battens subjected to eccentric load[J]. Engineering Structures, 2009, 31(2):539-550.

[84] Hajsadeghi M, Alaee F J. Numerical Analysis of Rectangular Reinforced Concrete Columns Confined with FRP Jacket under Eccentric Loading[M]// Advances in FRP Composites in Civil Engineering. Springer Berlin Heidelberg, 2011:658-661.

[85] Hadi Muhammad N S, et al. Axial and Flexural Performance of Square RC Columns Wrapped with CFRP under Eccentric Loading[J]. Journal of Composites for Construction, 2012, 16(6):640-649.

[86] Kim C S, Park H G, Chung K S, et al. Eccentric Axial Load Capacity of HighStrength Steel-Concrete Composite Columns of Various Sectional Shapes [J]. Journal of Structural Engineering, 2013, 140(4):04013091.

[87] Porras R, Carmona J R, Yu R C, et al. Experimental study on the fracture of lightly reinforced concrete elements subjected to eccentric compression[J]. Materials & Structures, 2016, 49(1-2):87-100.

[88] Jin L, Li D, Du X, et al. Experimental and Numerical Study on Size Effect in Eccentrically Loaded Stocky RC Columns[J]. Journal of Structural Engineering, 2016, 143(2):04016170.

[89] Lin G, Teng J G. Three-Dimensional Finite-Element Analysis of FRP-Confined Circular Concrete Columns under Eccentric Loading[J]. Journal of Composites for Construction, 2017, 21(4):04017003.

[90] 王庆海. FRP约束混凝土偏压柱承载性能试验研究[D]. 哈尔滨:哈尔滨工业大学,2005.

[91] 陆洲导,谢群,姜安庆. 碳纤维布加固钢筋混凝土偏心受压柱试验研究[J]. 建筑结构,2005(3):36-38.

[92] 毛达岭. 500MPa级钢筋混凝土受压构件受力性能研究[D]. 郑州:郑州大学,2008.

[93] 李洪彦. 500MPa级钢筋混凝土偏心受压构件受力性能试验研究[D]. 郑州:郑州大学,2007.

[94] 于红杰. HRB500级钢筋混凝土偏压构件受力性能的数值分析[D]. 郑州:郑州大学,2006.

[95] 张艇. HRB500级钢筋混凝土构件受力性能的试验研究[D]. 郑州:郑州大

学,2004.
[96] 赵东. 高强箍筋约束混凝土偏心受压构件试验及非线性分析[D]. 西安:西安建筑科技大学,2008.
[97] 王全凤,沈章春,黄奕辉,等. HRB500 级高强钢筋混凝土柱偏压试验研究[J]. 工业建筑,2009,39(7):83-86.
[98] 龚永智,张继文. CFRP 筋增强混凝土偏心受压柱受力性能的试验研究[J]. 土木工程学报,2009(10):46-52.
[99] 王静,王命平,耿树江. HRBF500 钢筋混凝土柱的受压试验研究[J]. 工程力学,2011,28(10):152-157.
[100] 张伟,耿树江,朱建国,等. HRBF500 钢筋混凝土偏压柱裂缝宽度试验[J]. 工业建筑,2009(11):22-25.
[101] 徐颖浩,王命平,耿树江,等. HRBF500 钢筋混凝土大偏心受压柱承载力的试验研究[J]. 青岛理工大学学报,2010,31(1):48-53.
[102] 何益斌,肖阿林,郭健,等. 钢骨-钢管自密实高强混凝土偏压柱力学性能试验研究[J]. 建筑结构学报,2010,31(4):102-109.
[103] 陈宗平,李启良,张向冈,等. 钢管再生混凝土偏压柱受力性能及承载力计算[J]. 土木工程学报,2012(10):72-80.
[104] 张海芳. 钢筋高强混凝土柱偏心受压性能的尺寸效应试验研究[D]. 北京:北京工业大学,2012.
[105] 罗绍华. 600MPa 级钢筋混凝土偏心受压构件受力性能试验研究[D]. 南京:东南大学,2013.
[106] 刘祥. 配置 500MPa 钢筋混凝土偏压柱的截面延性性能试验研究[D]. 华侨大学,2017.
[107] El-Hacha R. , Rizkalla S. "Fundamental Material Properties of MMFX Steel Rebars," NCSU-CFL Report No. 02-04, Constructed Facilities Laboratory (CFL), North Carolina State University, Raleigh, NC, 2002.
[108] Chung H S, Yang K H, Lee Y H, et al. Strength and ductility of laterally confined concrete columns [J]. Canadian Journal of Civil Engineering, 2002, 29(6): 820-830.
[109] Tan T H, Nguyen N B. Flexural behavior of confined high-strength concrete columns [J]. ACI Structural Journal, 2005, 102(2): 198-205.
[110] Rami Eida, Konstantin Kovlerb, Israel Davidc, et al. Behavior and design of high-strength circular reinforced concrete columns subjected to axial compression

[J]. Engineering Structures,2017,173(10): 205-216.

[111] Yizhu Li, Shuangyin Cao, Hang Liang, et al. Axial compressive behavior of concrete columns with grade 600 MPareinforcing bars [J]. Engineering Structures,2018,172(10): 497-507.

[112] Chen P,Liu C Y,Wang Y Y. Size effect on peak axial strain and stress-strain behavior of concrete subjected to axial compression [J]. Construction and Building Materials,2018,188(10): 645-655.

[113] 毛达岭. 500MPa 级钢筋混凝土受压构件受力性能研究[D]. 郑州:郑州大学,2008.

[114] 王静. 500MPa 级高强钢筋混凝土受压柱试验研究分析[D]. 青岛:青岛理工大学,2010.

[115] 胡钟. 高强箍筋约束高强混凝土柱在轴压下的力学性能研究[D]. 大连:大连理工大学,2010.

[116] 史庆轩,杨坤,刘维亚,等. 高强箍筋约束高强混凝土轴心受压力学性能试验研究[J]. 工程力学,2012,29(01):141-149.

[117] 李振宝,宋佳,杜修力,等. 方形箍筋约束混凝土轴压力学性能尺寸效应试验研究[J]. 北京工业大学学报,2014,40(02):223-230.

[118] 韩超. 高强钢筋约束高强混凝土柱结构性能试验研究[D]. 天津:天津大学,2014.

[119] 张明阳. 500MPa 级钢筋约束高强混凝土柱轴压力学性能研究及数值模拟[D]. 深圳:深圳大学,2017.

[120] Madas P,Elnashai A S. A new passive confinement model for the analysis of concrete structures subjected to cyclic and transient dynamic loading [J]. Earthquake Engineering and Structural Dynamics. 1992,21: 409-431.

[121] Achillopoulou D V, Karabinis A I. INITIAL CONSTRUCTION DAMAGE EFFECT ON THE BEHAVIOUR OF RETROFITTED COLUMNS UNDER REPEATED LOADS[C]// 2ECEES. 2014.

[122] Karpenko N I,Eryshev V A,Latysheva E V. Method of calculating the parameters of concrete deformation in case of unloading from compressive stress [J]. Vestnik Mgsu,2014(3).

[123] Karpenko N I,Eryshev V A,Latysheva E V. Stress-strain Diagrams of Concrete Under Repeated Loads with Compressive Stresses[J]. Procedia Engineering, 2015,111:371-377.

[124] Wang X, Wei S, Lu S, et al. The research on the performance of cross-shaped concrete columns confined by stirrups under axial repeated loads[C]// International Conference on Energy and Environmental Protection. 2017.

[125] 朱文治. 碳化混凝土单调及重复荷载作用下本构关系试验研究[D]. 西安:西安建筑科技大学,2013.

[126] 刘娜. 冻融损伤混凝土单调及重复荷载下应力-应变关系试验研究[D]. 西安:西安建筑科技大学,2013.

[127] 齐振麟. 冻融损伤后再生混凝土单调及重复荷载下本构关系研究[D]. 哈尔滨:哈尔滨工业大学,2016.

[128] 杜修力,符佳,张建伟,等. 钢筋高强混凝土柱轴压性能尺寸效应试验[J]. 北京工业大学学报,2012,38(10):1491-1497.

[129] 李倩,符佳,杜修力,等. 重复荷载下钢筋混凝土柱轴压性能的尺寸效应试验研究[J]. 土木建筑与环境工程,2013,35(S1):32-35.

[130] 李冬,金浏,杜修力. 轴压加载下高强钢筋混凝土柱尺寸效应试验研究[J]. 工程力学,2017,34(04):49-56+71.

[131] 吕西林,张颖,年学成. 钢纤维高强混凝土在单调和重复荷载作用下轴压应力-应变曲线试验研究[J]. 建筑结构学报,2017,38(01):135-143.

[132] 姚武,蔡江宁,吴科如,等. 钢纤维混凝土的抗弯韧性研究[J],混凝土,2002(6):31-33.

[133] P. S. Song, S. Hwang, Mechanical. Properties of high-strength steel fiber reinforced concrete[J], Construction and Building Materials, 2004(18):669-673.

[134] 管仲国,黄承逵,张宏战,等. 钢纤维混凝土受压极限强度[J]. 建筑结构,2005,35(4):56-58.

[135] 刘永胜,王肖钧,金挺,等. 钢纤维混凝土力学性能和本构关系研究[J]. 中国科学技术大学学报,2007.7,37(7),717-723.

[136] 汤寄予,高丹盈,朱海堂,等. 钢纤维对高强混凝土弯曲性能影响的试验研究[J]. 建筑材料学报,2010.2,13(1):85-89.

[137] 汤华. 现浇钢筋混凝土常规框架节点静力及抗震性能分析与设计准则及方法[D]. 重庆:重庆建筑大学,1995.

[138] Paulay T, ark R. Reinforced Concrete Beam-Column Joints under Seismic Actions[J]. ACI Journal 1978, 75(11):585-593.

[139] Hanson N W. Seismic Resistance of Reinforced Concrete Beam-Column Joints[J]. Journal of the Structural Division, ASCE, 1967, 93(5):553-560.

[140] 邢国华. 钢筋混凝土框架变梁异型节点破坏机理及设计方法研究[D]. 西安:长安大学,2009.

[141] 框架节点专题组. 低周反复荷载作用下钢筋混凝土框架梁柱节点核心区抗剪强度的实验研究[J]. 建筑结构学报. 1983,25(6):17-21.

[142] 中华人民共和国国家标准. 混凝土结构设计规范:GBJ 10—89[S]. 北京:中国建筑工业出版社,1989.

[143] 傅剑平. 钢筋混凝土框架节点抗震性能与设计方法研究[D]. 重庆:重庆大学,2002.

[144] 余琼,吕西林,陆洲导. 框架节点反复荷载下的受力性能研究[J]. 同济大学学报(自然科学版),2004,32(10):1376-1381.

[145] 刘晓. 抗震框架中间层中节点梁筋粘结退化性能试验研究[D]. 重庆:重庆大学,2006.

[146] 王信君. 配置 HRB500 钢筋的框架中间层端节点抗震性能试验研究[D]. 重庆:重庆大学,2007.

[147] 葛宏亮. 配置 HRB500 钢筋的框架中间层中节点抗震性能试验研究[D]. 重庆:重庆大学,2007.

[148] 武秀莹. 配置 500 级纵筋的框架中间层中节点抗震性能试验及设计方法研究[D]. 重庆,重庆大学,2008.

[149] 代[illegible]杰. 高性能钢筋混凝土梁柱节点抗震性能试验研究[D]. 武汉:华中科技大学,2013.

[150] Henager, C. H. Steel fibrous concrete joint for seismic-resistant structures [C]. San Francisco:Symp on Reinforce Concrete Structure in Seismic Zones, 1977,371-386.

[151] Craig, R. John, Mahadev, Kertesz, Czaba. Behavior of joints using reinforced fibrous concrete[J]. Public SP-American Concrete Institute,1984,125-167.

[152] Attaalla, Aqbabian, Mehrans. Performance of interior beam-column joints cast from high strength concrete under seismic loads[J]. Advanced sin Structural Engineering,2004,7(2):147-157.

[153] Geneoqlu, Mustafa. The effects of stirrups and the extents of regions used SFRC in exterior beam-column joints [J]. Structural Engineering and Mechanics,2007,27(2):223-241.

[154] 高丹盈,赵柯岩,王亮. 钢纤维高强混凝土框架边节点梁的曲率延性[J]. 世界地震工程,2009. 12,25(4):80-86.

[155] 赵海龙.纤维增强异形柱结构抗震性能试验和设方法研究[D].天津:天津大学,2011.

[156] 章文纲,程铁生.钢纤维砼框架节点抗震性能的研究[J].空军工程学院学报,1988,(2):33-45.

[157] 蒋永生,卫龙武,徐金法,等.钢纤维高强砼框架节点性能的试验研究[J].东南大学学报,1991,21(2):72-79.

[158] 王宗哲,王崇昌,黄良壁,等.钢纤维混凝土框架边节点的抗震性能[J].西安冶金学院学报,1989,21(3):25-36.

[159] 郑七振,魏林.钢纤维混凝土框架节点抗剪承载力的试验研究和机理分析[J].土木工程学报,2005,38(9):89-93.

[160] Elwood K J. Shake table tests and analytical studies on the gravity loadcollapse of reinforced concrete frames[D]. University of California, Berkeley, 2002.

[161] Elwood K J, Moehle J P. Dynamic collapse analysis for a reinforced concreteframe sustaining shear and axial failures[J]. Earthquake Engineering & Structural Dynamics, 2008, 37(7): 991-1012.

[162] Nakashima M, Matsumiya T, Suita K, et al. Test on full-scale three-storeysteel moment frame and assessment of ability of numerical simulation totrace cyclic inelastic behaviour [C]. International Workshop on Performance-Based Design Concepts and Implementation. Bled, Slovenia, 2006, June28-July 01.

[163] Lignos D G, Krawinkler H, Whittaker A S. Prediction and validation of sidesway collapse of two scale models of a 4-story steel moment frame[J]. Earthquake Engineering & Structural Dynamics, 2011, 40(7): 807-825.

[164] Kim Y, Kabeyasawa T, Igarashi S. Dynamic collapse test on eccentricrein forced concrete structures with and without seismic retrofit[J]. Engineering Structures, 2012, 34: 95-110.

[165] Ghannoum W M, Moehle J P. Shake-table tests of a concrete framesustaining column axial failures[J]. ACI Structural Journal, 2012, 109(3): 393-402.

[166] Lignos D G, Hikino T, Matsumiya T, et al. Collapse assessment of steelmoment frames based on E-Defense full-scale shake table collapse tests[J]. Journal of Structural Engineering, 2013, 139(1): 120-132.

[167] Chung Y L, Nagae T, Matsumiya T, et al. Seismic resistance capacity ofbeam column connections in high-rise buildings: E-Defense shaking tabletest[J]. Earthquake Engineering & Structural Dynamics, 2011, 40(6): 605-622.

[168] Chung Y L, Nagae T, Matsumiya T, et al. Seismic resistance capacity ofhighrise buildings subjected to long-period ground motions: E-Defenseshaking table test[J]. Journal of Structural Engineering, 2010, 136(6): 637-644.

[169] 江涛. HRB500 级钢筋混凝土框架结构静载试验研究[D]. 长沙:湖南大学,2009.

[170] 赵亮. 配置不同强度等级钢筋的混凝土框架结构非线性动力反应分析[D]. 重庆:重庆大学,2009.

[171] 张鑫,韦合,叶列平. 高强钢筋配筋混凝土框架结构抗震性能的试验研究[J]. 土木工程学报,2009(5):74-78.

[172] 王来其. 500MPa 级钢筋混凝土框架结构的低周反复荷载试验研究[D]. 青岛:青岛理工大学,2011.

[173] 刘文锋,王来其,高彦强,等. 高强钢筋混凝土框架抗震性能试验研究[J]. 土木工程学报,2014(11):64-74.

[174] 梁舟菀. 剪力墙结构和不同强度配筋的框架结构非弹性动力反应分析[D]. 重庆:重庆大学,2011.

[175] 韦锋,刘刚,王晓锋,等. 配置 HRB500 钢筋的框架结构非弹性地震反应分析[J]. 土木建筑与环境工程,2011,33(2):12-17.

[176] 陈鑫. 配有高强钢筋高强混凝土框架结构抗震性能试验研究[D]. 大连:大连理工大学,2012.

[177] 陈鑫,阎石,季保建. 高强钢筋高强混凝土框架结构拟动力试验研究[J]. 大连理工大学学报,2012,28(5):689-695.

[178] 阎石,陈鑫,季保建. 高强钢筋高强混凝土框架结构非线性地震反应分析[J]. 世界地震工程,2011,27(2):107-112.

[179] 傅剑平,杨红,黄强,等. 强震作用下配置高强度钢筋的混凝土框架结构非线性动力反应[J]. 建筑结构学报,2014,35(8):23-29.

[180] 洪文杰. 配 HRB500 钢筋的混凝土框架结构抗震性能研究[D]. 广州:华南理工大学,2015.

[181] 张伟. 配高强度等级钢筋的混凝土空间框架结构抗震性能研究[D]. 广州:华南理工大学,2016.